CENT MILLE SOLEILS PAR SECONDE

JEAN E. CHARON

CENT MILLE SOLEILS PAR SECONDE

Albin Michel

22, rue Huyghens, 75014 Paris
ISBN 978-2-226-39519-1

PRÉFACE

« Une nouvelle manière de penser est nécessaire si l'Humanité veut survivre. »

Albert Einstein

Je me souviens encore de cette nuit où je marchais sur la plage longeant la mer. Il y a près de trente années pourtant (en 1961 je crois), et je m'émerveillais devant la nuit étoilée. Je pensais en moi-même combien ce spectacle de l'Univers avait été sans nul doute une grande partie de mon inspiration, sur ce difficile chemin (qui dure encore maintenant) pendant lequel je tâtonnais sur ma route, et m'acheminais lentement, en tant que physicien, vers une représentation de l'Univers entier.

Je revenais cette nuit-là d'une promenade en mer et je parcourais seul cette plage de la côte normande. Je m'assis sur le sable et restai là longtemps à contempler le spectacle. Une impression de force énorme en marche se dégageait de tout cela; j'éprouvais une joie silencieuse et je ressentais un vif désir d'en mieux connaître les rouages intimes. J'étais alors loin de me douter que je venais de faire l'un des premiers pas sur ce qui devait rester depuis au centre de mes réflexions.

Voie merveilleuse, certes, pleine de visions nouvelles à chaque détour du chemin. Mais aussi voie difficile parfois : c'est un chemin qu'il faut parcourir seul, de plus en plus seul au fur et à mesure que l'on progresse. Parfois on voudrait retourner pour expliquer à ceux qui ne sont pas venus les paysages féeriques que l'on a entrevus. Mais les mots manquent souvent pour traduire comme on le voudrait nos fugitives visions. Et soudain, on prend conscience du fait que le nouveau point de vue auquel on vient d'accéder nous fait entrevoir un Univers différent de celui qu'on avait coutume d'accepter jadis. Les choses qui nous touchent de près s'estompent dans un contour plus flou, alors que de vastes horizons qui nous étaient inconnus se découvrent tout à coup à nos yeux. Nos jugements sur la réalité se rapportent à une nouvelle échelle de valeurs, frôlant parfois la pensée paradoxale où une même chose nous apparaît simultanément comme ce qu'elle est et son contraire; et l'on s'aperçoit que la route sur laquelle on s'est engagé est une route sans retour. Mais le désir n'en fait qu'augmenter d'essayer d'ouvrir plus largement cette voie qui mène vers ce nouveau pays d'où l'on ne revient pas, et qui est pourtant notre Univers.

Aujourd'hui je crois avoir fait un pas de plus sur le chemin de la Connaissance. Et je pense avoir été jusqu'à pénétrer une autre partie de l'Univers, qui n'est autre que nous-mêmes, c'est-à-dire ce qu'on appelle habituellement notre Moi, notre Personne, le « lieu » où se forme la pensée de chacun de nous. Mais, merveilleuse surprise, j'y ai à nouveau rencontré un ciel étoilé et rempli de lumières clignotantes et brillantes. Là-bas, dans le ciel de notre Univers, les astronomes nous expliquent qu'il s'allume entre les galaxies cent mille nouveaux soleils par seconde. Et je constate qu'il en est de même dans le Monde dessiné par mon propre Moi : ma pensée se construit et s'appuie sur des étincelles qui clignotent sans cesse, une lumière que le grand Newton avait déjà devinée en son temps, et qu'il appelait la lumière « nouménale ». En d'autres termes, nous sommes à la fois le Un et le Tout, notre Personne et l'Univers entier, et ceci est à l'image de cela, le plus petit est fait comme le plus grand, ou plutôt le plus petit est indissociable du plus grand.

Je crois cependant que, dès le départ de cette promenade dans notre Univers, il est un point que je dois souligner, un point qui est sans doute l'aboutissement de ma recherche de près d'un demi-siècle pour essayer de connaître un peu mieux notre Univers. Je suis arrivé à la conclusion que nous sommes à la fois le Un et le Tout, je l'ai dit. Mais, chose sans doute plus surprenante encore, et aussi plus merveilleuse si cela est possible, « je suis » tout cet Univers, et cependant cet Univers est le Néant. J'entends par là qu'on ne peut pas faire appel, pour le décrire, au moins pour le décrire *complètement,* aux concepts auxquels notre langage nous a habitués, car cet Univers est exclusivement une création de Dieu, il est sorti du « Néant » comme à l'aide d'une baguette magique, aucun argument de notre Science ne saurait justifier notre Univers.

Nous verrons, au cours des pages qui suivent, que nous possédons deux « approches » de notre Univers, deux approches pour « communiquer » avec lui et avoir conscience de la demeure où nous sommes. Ces deux approches se nomment *la Raison* et *l'Intuition.* Tous les êtres vivants possèdent ces deux approches, aussi bien l'Humain que les animaux plus simples ou les végétaux, et même les cailloux du chemin. Mais, comme nous l'expliquerons plus en détail dans un instant, ces deux approches sont très différentes l'une de l'autre, et nous fournissent d'ailleurs deux visions *complémentaires* de notre Univers.

L'Intuition est donnée à *tout* ce qui existe, les minéraux comme les humains, et même les ultrahumains (pour employer un terme cher à Teilhard de Chardin). Mais cette Intuition demeure personnelle, elle ne peut pas être communiquée à autrui, elle est avant tout « Silence ». C'est pourtant elle qui nous donne « conscience » que, tout en étant nous-mêmes, nous appartenons aussi à un autre que nous-mêmes, cet « autre » que nous nommons notre Univers. Comme le remarquait déjà Pascal, l'Intuition est cette faculté mystérieuse qui fait que non seulement nous savons, mais aussi que « nous savons que nous savons ». En fait, rien ne servirait d'avoir une « mémoire » si l'Intuition ne nous apportait pas la conscience des faits enregistrés dans cette mémoire. C'est sans doute pour cela qu'il nous est aisé de distinguer la mémoire d'un ordinateur et notre mémoire « vivante » : l'ordinateur peut avoir une mémoire immense, mais il n'atteindra cependant jamais la mémoire qu'est capable de posséder le plus simple des êtres « vivants », car celle-ci est une mémoire d'une autre nature, c'est une mémoire qui a « conscience » d'elle-même.

L'autre approche de l'Univers dont chacun de nous a été doté par la Vie, quel que soit son « rang » dans l'évolution, est ce qu'on nomme la *Raison.* Certes, et nous y insisterons tout à l'heure, cette Raison est variable d'un être vivant à l'autre, de même que chacun de nous possède une « mémoire » différente, une mémoire plus ou moins développée. Mais chaque être vivant possède une « mémoire », et je pense que l'apport le plus important à la Connaissance que nous a apporté ma Relativité complexe est d'avoir offert une « structure » de cette mémoire, et démontré ainsi que *chacun de nous* possède bien une mémoire, même les êtres de cet Univers qu'on prétend faits de Matière « inerte ». Posséder une mémoire est aussi « commun » que de posséder la « Vie » : la Vie ne saurait être là si la Vie n'était pas venue en même temps que la mémoire.

Pas de Vie sans mémoire. L'évolution du Vivant est basée sur l'évolution de la mémoire. Mais, naturellement, c'est tout à fait autre chose de dire que la mémoire de certaines espèces vivantes est « très petite »; ou d'affirmer que cette mémoire est « rigoureusement » nulle. La fameuse « constante de Planck * », qui est cette « petite » constante à l'origine des théories quantiques et de ce que la Science nomme le « probabilisme », ne saurait confondre la représentation « probabiliste » de l'Univers avec son ancienne représentation « déterministe » des siècles passés! Et pourtant, cette constante de Planck est, elle aussi, « très petite ».

Nous reviendrons longuement sur cette

* Au début de ce siècle, le physicien allemand Max Planck (1858-1947) montra que la lumière était faite de « grains » et non pas d'une onde continue. L'énergie de ces « grains » dépendait d'une très petite constante *h*, qu'on nomma la « constante de Planck ». La suite de la recherche conduisait à une véritable « révolution » en physique, le probabilisme : les choses de l'Univers « ne sont pas », elles n'ont qu'une « probabilité » d'être localisées ici ou là à un instant donné. Cette conception fut longtemps combattue par beaucoup de physiciens (dont Einstein) mais a fini par triompher; elle joue un grand rôle dans la structure de la mémoire, comme nous le verrons dans cet ouvrage.

« approche » de l'Univers que permet la Raison. Et nous verrons que la grosse « lacune » de la Raison, c'est de n'être jamais « absolue » : on ne peut pas représenter l'Univers « tel qu'il est », mais uniquement à partir de « matériaux » qu'on accepte comme « vrais » (les fameux « postulats ») et sur lesquels on va « échafauder » une certaine vision de l'Univers qu'on perçoit. Mais on ne doit jamais perdre de vue que la Raison nous offre de cette manière un Univers « fictif », un Univers qui n'est pas « absolu », un Univers toujours « fluctuant » puisqu'il se construit sur la Connaissance *du moment*... Connaissance qui, comme chacun sait, « évolue » sans cesse.

Je crois cependant qu'il est grand temps d'expliquer comment cette double approche de l'Intuition et de la Raison, qu'autorise à chacun la Vie pour nous permettre de « communiquer » avec notre Univers, se concilie avec l'affirmation que nous avons mise à la base de cette recherche : nous sommes simultanément le Un et le Tout.

Nous sommes *le Un*. Nous venons en fait de le dire en précisant que la Raison est toujours « relative » et que l'Univers représenté par la Raison repose nécessairement sur un certain nombre de « postulats » que nous acceptons comme « vrais ». Ces postulats, c'est *nous-mêmes* qui les acceptons, c'est notre pensée, notre Verbe, qui a convenu que la description du Monde reposerait sur de tels « matériaux ». Il est bien évident que le monde nous apparaîtrait fort différent si nous changions ces postulats de base. Nul ne peut douter que les espèces « vivantes » voient le monde à travers ce que leurs sens leur permettent de percevoir : le monde d'une fourmi est différent de notre monde humain; et, simplement, le monde du voisin est différent du nôtre, car ce voisin accepte d'autres « postulats » que les nôtres pour apercevoir ce monde... qui est pourtant, pour *chacun* de nous, « notre » Univers!

C'est en ce sens que nous sommes le Un, notre vision du monde est toujours « personnelle », nous sommes nécessairement celui qui représente le monde, avec les postulats qu'il a choisis, ou ce que ses organes des sens lui ont attribué. Ce qui me faisait dire, il n'y a pas si longtemps, comme le soulignait l'abbé Berkeley au XVIIIe siècle : « Le monde n'*est* pas, il est ce que notre pensée dit de lui ici et maintenant. » C'est la vision que nous offre du monde la Raison, et c'est pour cela que « je suis l'Univers », car je suis incapable de représenter le monde autrement qu'à travers notre Raison, notre Verbe. Les textes sacrés, comme celui de la Bible, ne nous disent-ils pas d'ailleurs qu'« au commencement était le Verbe »? Et le Verbe, n'est-ce pas finalement ce que la Raison de chacun nous permet d'apercevoir de l'Univers où nous habitons?

Mais attention, nous l'avons déjà remarqué, le bon Dieu nous a octroyé une autre approche pour « communiquer » avec l'Univers, c'est l'approche de *l'Intuition.* Revenons-y un instant, car cela me paraît important de savoir dès le départ comment nous pouvons nous situer dans ce vaste Monde.

Notre vision « intuitive » de l'Univers est « complémentaire » de notre vision « rationnelle », qui est cependant très différente. L'Intuition est une approche « globale », qui saisit l'Univers *dans sa totalité,* mais qui est tout à fait incapable de communiquer à « autrui » la vision que ce « regard » de l'Intuition lui a découverte. L'Intuition est « transcendante », elle ne peut s'exprimer dans aucun « langage », seul le « Silence » pourra traduire quelque chose de la sensation globale de l'Univers que l'Intuition a permis. Et c'est parce qu'ici seul le Silence fournit une symbolisation « fidèle » que l'Intuition va chercher ses symboles au-delà de la pensée elle-même. Peut-être l'Art, et la sensation « primordiale » qu'il peut parfois fournir, serait le moyen qui autoriserait le mieux de « dire quelque chose » de la sensation indicible que permet l'Intuition.

Cette communication de chacun de nous avec l'Univers entier, que l'Intuition permet parfois, conduit à cette formulation un peu paradoxale des deux approches que chaque « Vivant » a de l'Univers : nous sommes le Un, comme la Raison vient de nous l'expliquer, c'est la Raison qui « moule » notre représentation de l'Univers. Nous sommes aussi le Tout, c'est-à-dire tout l'Univers : et l'Intuition, comme nous l'avons dit, permet de « sentir » tout l'Univers, au point que nous nous confondons avec cet Univers. Nous sommes donc « le Tout ».

Mais comment allons-nous traduire cette particularité que notre Pensée est incapable de communiquer aux « autres », et même simplement de se faire connaître à nous-mêmes? Que faire de cette sensation « transcendante » que nous offre l'Intuition? En d'autres termes, comment exprimer ce fait que seul « le Silence » est un « véhicule » de la pensée intuitive? Nous sommes le Tout, certes. Mais nous sommes incapables d'exprimer cette « totalité ». Et si nous parvenions à en dire quelque chose, cela ne voudrait-il pas dire aussi que nous sommes l'égal du Dieu Créateur lui-même, ce Dieu qui a su « créer » le Tout?

Une seule réponse nous a paru « acceptable » : l'Univers est fait du « Néant ». Dès qu'on prend soigneusement « conscience » de cet Univers, nous arrivons à une seule conclusion : l'Univers, dans sa totalité, est assimilable au « Néant ». N'est-ce pas d'ailleurs la meilleure définition d'un Univers « créé » par Dieu : car « créer », n'est-ce pas « sortir » du Néant?

Pratiquement, cela veut dire quoi? Cela signifie que la totalité de l'Univers peut toujours être partagée entre ses parties « complémentaires », et que l'union de ces parties entre elles est équivalente au Néant. Ainsi, l'Univers entier peut être partagé entre ses charges électriques positives et négatives : mais si on « unit » ces deux parties positive et négative, on obtient un Univers électriquement neutre... c'est-à-dire le Néant.

Les anciens Chinois étaient arrivés à une conclusion analogue quand ils remarquaient que l'Univers entier pouvait être partagé entre une partie Yin, et sa partie « complémentaire » Yang... l'union de ces deux parties Yin et Yang fournissant le « Néant ».

Ainsi, je crois (et je crois de plus en plus) que l'Univers peut *toujours* être partagé en parties « complémentaires », de telle sorte que cet Univers soit non seulement « le Un » (c'est-à-dire le fruit de l'Intuition), ce Néant étant compris dans le sens de l'union des parties complémentaires entre elles (le mâle et la femelle, + et −, l'entropie positive et négative...).

L'Univers est finalement à la fois le Un et le Néant. C'est ce que nous verrons plus en détail dans les pages qui suivent, en n'hésitant pas à appliquer ce concept à des notions « métaphysiques », comme la « recherche » de notre Âme.

CHAPITRE I

Un Univers créé par Dieu

« Il y a plus de choses dans le Ciel et sur la Terre, Horatio, que n'en peut imaginer toute votre philosophie. »

Hamlet, William Shakespeare

L'Univers a été créé par Dieu, presque par définition, disent les penseurs de l'Antiquité, et notamment ceux de la période de Grèce qui a connu de nombreux philosophes se posant au sujet du cosmos qui les embrasse les questions fondamentales : Où suis-je? Que faire? Les « mécanismes » auxquels nous fait assister l'Univers sont donc aussi des créations divines : de telle sorte que le langage de la Connaissance qui va étayer la pensée de l'Antiquité, et cela jusqu'au Moyen Âge, va reposer sur le dogme que les planètes et les étoiles qui scintillent dans le ciel ne peuvent avoir que des mouvements d'essence *divine,* et donc être parfaites. Ce que les philosophes vont traduire de la manière suivante : le mouvement des corps cosmiques, puisque ces corps ont été mis en branle par Dieu lui-même, *sont tous circulaires et parcourus à vitesse uniforme.* Telle est l'idée dogmatique qui va prévaloir pendant plus de deux mille ans, jusqu'à la Renaissance.

À notre époque, où l'observation est encore reine pour étayer la Connaissance (nous allons tout à l'heure revenir sur cet aspect), nous avons parfois du mal à comprendre comment une idée comme celle-ci, celle du mouvement circulaire et uniforme des astres, a pu se maintenir pendant si longtemps, alors que la moindre observation du ciel nocturne montrait clairement (même au temps d'Aristote) que ce mouvement des astres ne saurait correspondre à une telle trajectoire. Mais ne jetons pas si facilement la pierre à nos devanciers dans la Connaissance. Puisque c'est Dieu qui a réglé les mouvements de l'Univers, il a pu le faire selon son bon vouloir, et en tout cas selon des principes que nous ne comprenons pas. Ces corps cosmiques mis en mouvement par Dieu sont d'ailleurs de véritables corps « vivants », et comme tout corps vivant ils possèdent donc une initiative que nous, les observateurs humains, avons du mal à interpréter. Dans le fond, suivre les mouvements des astres est vouloir pénétrer, en quelque sorte, la volonté de Dieu : et, nous l'avons dit, en tant qu'être divin, sa volonté ne peut se traduire que par des actes parfaits... ce qui justifie que les astres ne peuvent avoir que des mouvements circulaires et uniformes. Ce qu'il faut donc, disent les penseurs des millénaires passés (et jusqu'au Moyen Âge), c'est justifier avec ce dogme des mouvements circulaires et uniformes les déplacements *observés depuis la Terre* de tous les corps qui peuplent le cosmos. Une idée naturelle, accompagnant la précédente (puisque l'Univers est une création de Dieu) est celle de dire aussi que notre Terre ne peut être que le centre du monde... ce qui, soit dit en passant, ne va pas simplifier l'observation des trajectoires des corps cosmiques, obligeant ceux-ci à « avancer et reculer » dans le ciel. Qu'importe d'ailleurs, avant tout la Connaissance doit obéir aux desseins de Dieu, et tâcher de reproduire les images des actes et des volontés de Dieu aussi fidèlement que possible.

Mais justifier ces desseins « circulaires et uniformes » de Dieu obligea les savants théologiens de l'époque à rendre compte des mouvements observés des astres dans le ciel à l'aide d'une géométrie *de plus en plus compliquée.* Cela justifiait d'ailleurs le caractère « divin » de ces mouvements : après tout, qui s'étonnerait que Dieu soit difficile à comprendre, et que plus notre connaissance de l'Univers se précise plus on est obligé de faire appel à des mouvements des astres de plus en plus compliqués... compliqués pour nous, les Humains, qui savons que Dieu a créé un Univers « parfait »... et que nous sommes des êtres imparfaits. Les savants de l'époque n'étaient pas si différents de ceux d'aujourd'hui : ils ont toujours une « bonne » explication dans leur tiroir, même si celle-ci est un scandale pour le simple bon sens. Pour que les planètes mues par Dieu tournent bien en rond on imagina que la trajectoire sphérique de la planète était solidaire d'une autre sphère, elle-même tournant autour d'un diamètre. Eudoxe, qui fut un brillant mathématicien grec préparant les explications pour Aristote, proposait ainsi 27 sphères emboîtées les unes dans les autres pour faire cadrer les desseins de Dieu avec les mouvements observés des astres. Calipso porta ce nombre à 34. Quant à Aristote lui-même, il n'hésita pas à perfectionner la cosmologie en utilisant 54 sphères concentriques tournant autour de la Terre. Moyennant quoi les trajectoires observées des planètes, sans être directement des cercles, se déduisent d'une combinaison de mouvements circulaires et uniformes, et respectent le dogme qu'on considérait comme indispensable pour comprendre l'Univers : le dogme du mouvement circulaire et uniforme prêté par Dieu à tout ce qui l'approche.

Il est intéressant d'examiner comment la Connaissance va s'étendre à partir du dogme du Cercle, ce dogme selon lequel Dieu est le créateur de l'Univers au point de s'être préoccupé d'avoir mis en mouvement tous les objets cosmiques. On pourrait croire que, au fur et à mesure que l'Homme acquiert une nouvelle Connaissance, il va chercher d'autres raisons que Dieu lui-même pour justifier des mouvements des astres : il va le faire, c'est vrai, mais il va lui falloir plus de deux mille ans pour se décider à appuyer sa Connaissance sur autre chose que Dieu, en fait pour construire cette Connaissance avec des lois *de la Matière* (et non de Dieu). Qu'on prenne bien garde : ce n'est pas parce qu'il n'y avait personne, parmi les penseurs d'il y a deux millénaires, qui aurait été capable de soupçonner que les mécanismes du monde pouvaient être expliqués autrement qu'en faisant intervenir directement Dieu. Mais le dogme du Cercle, selon lequel seul Dieu pouvait être responsable de la trajectoire des astres, était si fort et si bien ancré en chacun qu'il était pratiquement impossible de faire « percer » une explication de l'Univers qui n'aurait pas à sa base Dieu lui-même.

Citons l'exemple bien connu d'Aristarque de Samos (mais ils furent nombreux, dès son époque, à vouloir montrer que l'observation du mouvement des astres pouvait suggérer des trajectoires « plus simples »). Aristarque naît en l'an 310 avant notre ère, douze ans après la mort d'Aristote. C'est par l'abondante littérature laissée par ses successeurs (qui le citent généralement pour en rire), que l'on sait qu'Aristarque soutenait que le Soleil, et non la Terre, devait être pris comme centre des orbites planétaires. Plutarque, cent ans après Jésus-Christ, indique de son côté : « Aristarque pensait que le ciel est en repos et que la Terre décrit un cercle en orbite tout en tournant autour de son axe. » On ne peut être plus clair, et il pourrait sembler qu'Aristarque de Samos était donc sans aucun doute un précurseur des cosmologies modernes qui proposeront, plus de dix-sept siècles plus tard, les trajectoires planétaires de Copernic et de Kepler. Mais une étude plus minutieuse de l'histoire du développement de la Connaissance nous montre qu'il n'en est rien : car le dogme du Cercle est toujours là, il demeure présent au moins jusqu'à Kepler, tout doit s'expliquer dans l'Univers par les mécanismes « divins » qu'avait mis en place à l'origine le Dieu créateur; une autre explication peut paraître « plus simple », ou plus « naturelle », mais elle ne saurait rendre compte de l'image de l'Univers mis en place par Dieu. Ce que j'ai appelé « le dogme du Cercle », qui prévaut dans l'Antiquité et jusqu'après le Moyen Âge, peut être illustré par un texte de saint Augustin (qui vécut vers la fin du IVe siècle de notre ère). On y voit bien « l'état d'esprit » qui animait les « chercheurs » de l'époque. On lit dans les *Confessions* de saint Augustin :

« Il se présente une autre forme de tentation, encore plus remplie de périls (il avait précédemment parlé de celle de la chair)... c'est cette maladie de la curiosité... C'est elle qui nous pousse à découvrir les secrets de la Nature, ces secrets qui sont au-dessus de nous, qui ne peuvent nous servir à rien, et que les Hommes ne cherchent que pour le désir de les connaître... je ne songe plus à étudier le cours des astres... »

Cela ne signifie pas que saint Augustin ne se construira pas, au fond de lui-même, une cosmologie, c'est-à-dire une image du monde dans son ensemble. Mais cette cosmologie sera selon son cœur, et uniquement selon lui. Et elle ne devra pas être confondue avec l'image « authentique » de l'Univers, j'entends l'Univers *que Dieu a créé,* car il s'agit là d'actes « divins », se présentant donc comme une « vérité révélée », une vérité qu'on doit prendre comme telle, sans la discuter, et encore moins en douter. Le dogme du Cercle fait partie de ces vérités révélées : les astres ont été mis en mouvement par Dieu au moment de la création de l'Univers, par conséquent les trajectoires des astres doivent pouvoir toujours se ramener à des cercles parcourus avec une vitesse uniforme. Même Johannes Kepler, qui devait fonder au début du XVIIe siècle l'astronomie moderne avec ses trois fameuses « lois » sur les mouvements planétaires, va distinguer ces « lois » de l'Univers créé par Dieu, qui ne doit en aucune manière être inféodé par des « lois », qui ne sont là que pour dire « ce que l'Homme observe » et non « ce qui est ». « Ce qui est » est, comme je l'ai dit, une vérité révélée dont on ne doit pas douter, même si nos yeux de mortels nous font voir autre chose.

Certes, Kepler va sentir qu'il est difficile de

vouloir prétendre que, en dépit du fait que les astres décrivent dans le ciel des trajectoires circulaires et uniformes créées par Dieu, ces mêmes astres décrivent selon des lois mathématiques des trajectoires elliptiques qu'elles parcourent avec une vitesse variable : ainsi une chose pourrait être à la fois ce qu'elle est et ce qu'elle n'est pas, cette contradiction apparente entre ce que Dieu a créé et l'observation pouvant aller jusqu'à voir *le contraire* de ce que Dieu aurait créé. Les siècles suivants vont nous montrer que cette acceptation d'une chose comme à la fois elle-même et son contraire est ce qui se passe *chaque fois* que l'on arrive à « l'épuisement » d'un dogme, et qu'on s'apprête enfin à renouveler le langage de la Connaissance.

Cette apparente contradiction dans la pensée de Kepler, où les mouvements des astres obéiraient à la fois à Dieu (dogme du Cercle) et à son contraire *(lois de Kepler)* va expliquer en partie pourquoi Kepler, après avoir énoncé ses « lois », va retourner pendant les dix-huit années qui lui restent à vivre à son travail sur « l'Harmonie du Monde » qui, lui, est bien fondé sur la vérité révélée du dogme du Cercle. Pour Kepler, la structure fondamentale de notre Univers est faite de l'agencement de solides *parfaits invisibles,* dont seul Dieu a conscience. Kepler considère que cette dernière recherche est ici conforme à ce qu'en a révélé le Dieu créateur, et que ceci est beaucoup plus important que ses trois « lois » qui pourtant seront *seules* à être conservées par la postérité.

À dire vrai, Kepler avait quelque raison de ne pas considérer ses lois comme la part la plus importante de son œuvre. Car ses contemporains accueillirent ses résultats dans la plus parfaite indifférence. Et ses solides parfaits, qui étayaient son « Harmonie du Monde », étaient pour la tradition scientifique de l'époque probablement plus convaincants que ses ellipses et ses vitesses variables qui, dans ses lois, prédisaient (pourtant correctement) les trajectoires observées des planètes.

La réaction de la gent savante aux lois de Kepler se reflète dans l'opinion d'un astronome du nom de Fabricius, avec lequel Kepler avait de longues relations épistolaires. Après la lecture des deux premières lois, Fabricius écrit à Kepler :

« Avec votre ellipse vous abolissez la circularité et l'uniformité des mouvements, ce qui me paraît plus absurde à mesure que j'y réfléchis davantage... Si seulement vous pouviez conserver l'orbite circulaire parfaite, et justifier votre orbite elliptique par un nouveau petit épicycle, cela vaudrait bien mieux... »

Certains savants allaient même plus loin : un contemporain de Kepler écrit qu'« en essayant de prouver son hypothèse par des faits matériels,

Kepler introduisait d'étranges spéculations qui ne sont pas du domaine de l'astronomie ».

Que peut-on ajouter à cela, si ce n'est qu'en science comme ailleurs le véritable créateur est toujours seul, avec bien peu d'amis pour le soutenir, et encore moins pour l'approuver?

CHAPITRE II

Un Univers de Matière

« Les gens font une distinction entre le Bien et le Mal, mais il n'y a ni Bien ni Mal existant séparément. Ceux qui suivent le chemin de l'Illumination ne reconnaissent pas une telle dualité, et cela les conduit à ne pas trop louer le Bien, ni condamner le Mal, ni le contraire. »

L'enseignement de Bouddha

Modifier le langage fondamental sur lequel se construit la Connaissance ne se fait pas en un jour. Il faut du temps pour que les Hommes abandonnent leur ancien langage, et les dogmes sur lesquels ils s'appuyaient. Lentement le dogme du Cercle, d'après lequel les astres avaient tous à l'origine de l'Univers été mus par Dieu lui-même, et ne pouvaient pour cette raison avoir d'autres trajectoires que celles pouvant se décomposer en mouvements circulaires parcourus à vitesse uniforme, ce dogme du Cercle va finir par disparaître pour laisser la place à un autre dogme. À partir de Kepler (après plus de deux mille ans où ce dogme s'est imposé à la Connaissance), le dogme du Cercle va chanceler, et l'Homme va se demander s'il est bien raisonnable de supposer que Dieu s'était occupé de tâches aussi particulières que de mettre en branle les astres du ciel. Notons bien que l'on ne remet nullement en question le fait que Dieu soit le créateur de l'Univers, mais on reconnaît que Dieu est un être « transcendant », et qu'il est même si transcendant qu'on est incapable, nous les Humains, de savoir comment il est fait, ou de quoi il s'occupe. On sait seulement qu'il est le principe transcendant qui a créé l'Univers. Nous devons reconnaître, certes, que Dieu est le « créateur » de l'Univers, mais pourquoi aurait-il imposé aux étoiles d'avoir certains mouvements plutôt que d'autres? Kepler vient d'ailleurs de nous montrer qu'il était beaucoup plus « naturel », et aussi beaucoup plus conforme à l'observation, de dire que le mouvement des planètes terrestres avait la forme d'ellipses avec pour foyer le Soleil, et que ce mouvement s'effectuait en des temps qu'on pouvait calculer à l'avance, suivant les fameuses *lois de Kepler.* Il ne s'agit en tout cas, à l'observation, ni de mouvements circulaires ni d'orbites parcourues à vitesse uniforme, mais de trajectoires obéissant à certaines lois prévisibles de manière précise par la Science.

La notion de « Science » apparaissant, on va alors séparer l'idée de « Science » de celle de Dieu. Non pas, comme je l'ai dit, qu'on ne reconnaisse pas à Dieu sa participation directe à la création de l'Univers, que la Science cherche maintenant à expliquer : mais cette explication ne va pas reposer sur l'existence de Dieu. Dieu est un principe « transcendant », on sait qu'il est le « créateur » de l'Univers, mais on ne sait pas *autre chose* de lui, et certainement pas le mouvement précis que Dieu aurait imprimé, à l'origine de l'Univers, aux astres qu'il a créés. Cela, il faut le demander à la Science, qui a pour mission d'expliquer le fonctionnement de l'Univers au moyen d'un langage qui s'applique au comportement *de la Matière.*

Le grand mot est jeté : la « Matière », et il va devenir la base essentielle du nouveau dogme de la Science. Nous sommes dans un Univers fait de Matière, qui fonctionne comme une « horloge » en obéissant à certaines lois, et c'est le rôle de la Science de découvrir ces lois qui pilotent cette Matière. Dieu nous a placés dans cet Univers de Matière comme il aurait placé quelques acteurs humains dans un immense décor de théâtre : mais il ne faut pas confondre les acteurs et les décors. D'abord les acteurs sont peu nombreux, exceptionnels même : et il y a juste un peu plus de trois siècles on n'hésitait pas à brûler en place publique Giordano Bruno, qui avait voulu prétendre qu'il pourrait y avoir des Humains ailleurs que sur notre Terre. Rappelons qu'il n'y a pas cinquante années, notre Connaissance reposait encore sur la parole d'un savant (il est vrai prix Nobel, Jacques Monod!) qui n'hésitait pas à soutenir que l'Homme était tellement « exceptionnel » qu'il était très probablement *seul* de son type dans ce vaste Univers, où on constate cependant la présence de milliards de milliards de milliards... de « Terres »! Certes, il pourrait y avoir dans l'Univers d'autres êtres vivants, continuait le langage de la Matière : mais les autres êtres vivants, même s'ils existent, ne doivent pas être confondus avec les « acteurs humains », qui sont seuls à posséder un Mental, donc une véritable initiative, pour participer à cet immense Univers. C'est une chose clairement « prouvée », disent les savants de l'époque, simplement en regardant les animaux. Ne parlons pas des « végétaux » dira encore le langage de la Matière, soyons « sérieux », c'est la Science qui parle!

Nous sommes seuls, continuera le langage de la Matière, nous les Humains, à posséder une « âme ». Encore y a-t-il Humain et Humain : on a refusé une âme aux Indiens... un peu comme d'ailleurs, il y a moins de cinquante années, on refusait en France le vote aux femmes (que les mâles jugeaient avoir une âme « insuffisante » pour être capables de voter!). La même sorte de raisonnement a conduit à se demander « à quel âge » un fœtus humain doit être considéré comme « vivant », afin de pouvoir le trucider en toute bonne conscience, si cela nous arrange!

Quoi qu'il en soit, à partir de Newton et du XVIIe siècle on peut dire que le langage de la Connaissance va reposer essentiellement sur ce qu'on doit appeler le langage de l'ère de la Matière (ou le dogme de la Matière). Cela signifie que la Science va se construire sur le langage de *l'observable,* car la Matière forme par nature ce qui est observable. La Matière est ce qui se loge dans l'étendue, dans l'espace qui nous entoure. On se souvient que René Descartes avait voulu bien distinguer cette étendue de ce qui est seulement « pensée » : l'étendue est ce que tout le monde peut observer, donc dont il est difficile de douter, c'est « là », qu'on le désire ou non, ce n'est pas un simple « fantôme », c'est-à-dire quelque chose qui peut être « imaginaire », simplement bâti par notre pensée.

Isaac Newton va insister sur cette différence entre d'une part ce qui est « observable », et d'autre part ce qui est simple « hypothèse » (qui est donc toujours le fruit de notre pensée). Il décrit ce qui, je crois, doit être considéré comme la base de la nouvelle philosophie scientifique, à l'orée du XVIIIe siècle. Dans la seconde édition de ses *Principes mathématiques de philosophie naturelle,* Newton écrit :

« J'ai expliqué jusqu'ici les phénomènes célestes et ceux de la mer par la force de la gravitation (...). Je n'ai pu encore déduire des phénomènes la raison de ces propriétés de la gravité, *et je n'imagine point d'hypothèses.* Car tout ce qui ne se déduit pas des phénomènes est une hypothèse; et les hypothèses (...) ne doivent pas être reçues dans la philosophie expérimentale. Dans cette philosophie, *on tire les propositions des phénomènes, et on les rend ensuite générales par induction.* »

Toute la méthode de Newton est dans la dernière phrase que nous avons soulignée. On remarquera cependant que Newton conserve pour but ultime de la Science la recherche des causes; il s'intéresse aux causes de la gravitation, mais il avoue ne pas avoir pu encore les tirer de l'observable, et il refuse d'aller plus avant dans sa recherche, en utilisant des hypothèses. Les successeurs de Newton iront beaucoup plus loin, ils relégueront l'idée de « cause » au domaine de la *métaphysique,* et ils refuseront à celle-ci de venir troubler le « temple de la Science ».

Il serait injuste de ne pas reconnaître à cette méthode de « l'observable » tout ce qu'elle a apporté à la Connaissance, notamment après les deux millénaires où on s'était reposé, pour construire cette Connaissance, essentiellement sur les « volontés de Dieu ». Maintenant on n'avait plus peur de bâtir cette Science en observant les choses du monde extérieur, on ne craignait plus de déclarer que le monde était ainsi parce qu'il nous apparaissait à l'observation comme tel, bref que cette observation avait raison sur le monde des idées, et que c'était cette observation qui était l'arbitre de ce qu'était finalement l'Univers dans lequel nous vivions. On voulait avant tout rechercher comment « agir » sur ce monde extérieur, et cela n'était évidemment possible que si ce monde n'avait pas d'« initiative » par lui-même, c'est-à-dire laissait prévoir sa réaction à un acte déterminé de notre part. Cette « réaction » du monde extérieur n'est nullement à l'avance prévue par Dieu, ou en tout cas on ne la connaît pas, et c'est à la Science de rechercher ce comportement de la Matière au moyen de l'observation. Et, comme je l'ai souligné, la recherche de ces « lois » de l'Univers *est possible* car l'Univers n'a pas d'initiative, la connaissance des lois de la Nature est une tâche accessible à la Science.

On a donc assimilé le monde à une sorte d'immense horloge, que la Science allait étudier avec le dessein de pouvoir en décrire les « lois », de pouvoir prévoir comment va agir cette Matière compte tenu de « conditions initiales » qui seront données par l'Homme.

Ainsi voit-on se profiler, et s'affirmer de plus en plus, cette idée que l'Homme peut devenir le « maître de l'Univers », cet Univers qui nous obéirait comme un « robot », un Univers sans initiative où on pourrait vivre comme on vivrait parmi les décors d'un théâtre, un Univers qui serait celui de ce petit Homme vivant au milieu de cette immense Matière, ou plutôt un Univers où l'Homme aurait un pouvoir immense puisqu'il disposerait d'un robot aux pouvoirs souverains, fait exclusivement pour le servir.

Cependant, quelques esprits allaient progressivement mettre en doute cet « Univers de Matière » que la Science et la Nature auraient mis à la disposition de l'Humain. D'abord, est-il certain que ce Dieu juste, qui aurait été le créateur de cet Univers, aurait d'une manière aussi disproportionnée rempli cet Univers de Matière seulement, pour mettre ensuite cet Univers purement matériel au seul service de ce petit Homme? Certes, cela semble nous être confirmé par la Bible, et les autres textes sacrés : mais doit-on oublier que ces textes, eux aussi, ont été rédigés par l'Homme? Et si encore ce monde dirigé par l'Homme allait si bien, on pourrait penser que l'Humain est avec juste raison le « maître » de l'Univers : mais ce n'est pas le cas, et il semble qu'on s'en aperçoive de plus en plus.

Et puis, ne doit-on pas faire un peu comme le grand Newton, ou notre ami René Descartes, et « douter » de tout ce qui est « hypothèse »? Car toute hypothèse est toujours un présupposé de notre Raison... et finalement ne « démontre » que ce qu'on a accepté *dès l'abord* comme « présupposé ». Peu à peu commence à poindre cette idée que « l'Univers n'est pas, il est simplement ce que l'on pense de lui ». Notre siècle a vu se préciser de plus en plus cet argument que notre Raison ne peut construire qu'un Univers *artificiel,* bâti avec les présupposés (pour ne pas dire les préjugés) que notre Raison a accepté de mettre à la base de ses « raisonnements »... donc que les choses vont nous apparaître « blanches » ou « noires » suivant les présupposés qu'on aura choisis. Où est là-dedans la « sacro-sainte » objectivité que souhaite tellement obtenir la Science?

Un moment (cela dure encore, au moins si on y regarde bien!) l'Homme a cru qu'il allait pouvoir « hiérarchiser » ces présupposés, à l'aide notamment de certains principes de morale, d'éthique, voire d'esthétique, qu'on a pu croire un instant des principes « absolus » : tel présupposé serait « bien », d'autres seraient « mal », et nous allions construire peu à peu un monde allant graduellement vers toujours plus de bien. Mais cette méthode fait long feu dès qu'on l'examine attentivement : elle n'est faite que pour donner bonne conscience, une plus juste méthode nous montre que la Raison a inévitablement ses propres « limitations », qu'elle ne saurait construire dans l'absolu; que telle conclusion acceptée comme Bien va apparaître ailleurs comme « Mal »; pire encore, que telle conclusion qui nous apparaissait jadis comme « Bien » va, après un complément d'évolution, nous apparaître aujourd'hui comme Mal. Et, pour finir, nous constatons de plus en plus clairement la sagesse de cette réflexion que la pensée orientale a depuis toujours prônée :

« Il n'y a ni Bien ni Mal existant séparément. »

Revenons à l'aube du XVIIe siècle. C'est essentiellement dans le langage de Dieu que nous avons, depuis des millénaires, développé notre Connaissance du monde, nous appuyant sur ce que nous avons nommé le « dogme du Cercle » : les astres qui remplissent le ciel n'ont pu être mis en mouvement que par Dieu lui-même, quand il a créé l'Univers; ces astres ont donc des mouvements « parfaits », comme cela s'impose pour tout ce qui est divin; les orbites des étoiles et des planètes doivent pouvoir se ramener à des cercles, et ces cercles sont toujours parcourus à une vitesse uniforme. D'Aristote à Ptolémée ce dogme va être le dogme fondamental sur lequel va reposer tout système cosmologique, et il ne commencera que lentement à être mis en doute, avec Copernic, Galilée et Kepler, c'est-à-dire à la fin du Moyen Âge.

Mais voici Newton. Avec lui s'est développée « l'observation » comme moyen d'accroître la Connaissance de l'Univers. On considère toujours le Monde comme créé par Dieu, mais on doute maintenant que nous, les « observateurs humains », soyons capables d'affirmer au sujet de Dieu « autre chose » que son acte de création. Dieu a-t-il, au moment de sa création, imprimé des mouvements particuliers aux planètes, et précisément des mouvements « divins »? Peut-être, nous n'en sommes cependant pas certains *a priori*, nous ne savons *rien* de ce qu'a fait

Dieu... si ce n'est qu'il est le créateur de cet Univers. Dieu est un principe « transcendant », et cela veut d'abord dire que Dieu est pour nous un mystère *total,* et nous ne pouvons rien dire de lui si ce n'est qu'il est le « créateur » de l'Univers. Et on va exprimer cette idée en acte en *séparant la Science de la Foi.*

Nous sommes *dans un Univers de Matière,* les astres qui meublent le cosmos sont faits de Matière, « tout » est fait de Matière. L'objectif de la Science est de nous faire connaître les « lois » de la Matière, et d'expliquer le Monde qu'on voit autour de nous à l'aide de ces lois. Le dogme fondamental sur lequel va s'appuyer maintenant la Connaissance n'est plus le dogme du Cercle, qui fait l'hypothèse que Dieu a directement participé à la « mise en route » de cet Univers. Dieu est trop « haut » (trop grand) pour qu'on connaisse le détail de son comportement, et la Science, qui n'est qu'œuvre humaine, ne peut se construire sur une telle hypothèse, car les hypothèses ne sont, encore une fois, pas reçues en Science, qui n'accepte que ce qui est « observable ». Et le nouveau dogme sur lequel va venir reposer la Connaissance, tout en ne refusant pas que Dieu soit le créateur de l'Univers, va mettre en doute que ce Dieu se soit préoccupé de la « mécanique » de l'Univers : on préférera se contenter de dire que cette « mécanique » est obtenue en examinant attentivement le comportement de la Matière. Nous habitons un Univers *de Matière.* L'Homme lui-même est fait d'abord de Matière. Certes, il est « spécial », Dieu lui a donné la pensée, qui est un attribut important que ne paraissent pas avoir (ou au moins pas au même degré) les autres êtres vivants. Mais même cette « pensée » doit pouvoir s'expliquer en s'appuyant sur la Matière, c'est le langage de la Matière (donc celui de l'observable) qui doit être exclusivement le langage de la Science. Et ce langage de la Matière sera aussi celui qui va nous permettre de représenter « scientifiquement » les mécanismes de production de la pensée.

Cette idée que l'élargissement de la Connaissance devait pouvoir entièrement se faire dans le langage de l'observable, c'est-à-dire finalement dans le cadre du dogme de base que notre Univers est « fait » de Matière, et exclusivement de Matière, va aller en se renforçant jusqu'à notre époque, donc pendant plus de trois siècles. Ce n'est que récemment que nous avons « senti » (plus ou moins confusément) qu'un nouveau changement se préparait, et que nous nous apprêtions sans doute à reposer la Connaissance sur un nouveau dogme : le monde serait fait non pas de Matière, mais d'une association de Matière et d'Esprit, ce que nous allons appeler la « Psychomatière ».

Voyons cela un peu plus attentivement.

CHAPITRE III

Un Univers de Psychomatière

« Tout ce que produit le corps meurt, comme lui; tout ce que produit l'Esprit est impérissable, comme l'Esprit même. »
François René de Chateaubriand

Un langage quel qu'il soit s'agrandit au fur et à mesure qu'il est utilisé. D'une part on augmente le nombre de mots qui entrent dans sa composition, accroissant notamment les définitions; d'autre part on y ajoute éventuellement certains « postulats », tout en en privilégiant certains qui restent les « postulats de base ». Dans le langage que nous avons nommé celui de l'Ère matérielle, nous avons toujours conservé le postulat qui est le postulat « de base » de cette ère, et qui concerne l'Univers *entier :* nous sommes dans un Univers de Matière.

Cela ne veut évidemment pas dire que notre langage contient ce « seul » postulat, il y en a d'autres, dont notamment les postulats de conservation : l'énergie se conserve, quelles que soient les transformations qu'elle subit, vont proposer (et observer) les lois qui concernent la Matière.

Mais toute représentation de l'Univers, au moins la représentation scientifique, celle qui est acceptée par la culture ambiante, va être soumise au postulat de base que l'Univers est entièrement constitué de Matière.

René Descartes, dès le XVIIIe siècle, avait voulu proposer une représentation de l'Univers encore plus générale, en remarquant que notre Univers pouvait être représenté en se basant sur ce qu'il nommait « l'étendue » (l'espace) : il y aurait ce qui pouvait se représenter dans l'étendue, comme la Matière, et ces lois étaient vraies (et valables) pour tout ce qui était « constitué » de Matière; et puis il y avait tout ce qui ne pouvait trouver sa place dans l'étendue, comme tout ce qui est fait de Pensée, tout ce qui est « imagination », dira Descartes. Mais l'idée cartésienne attendra le troisième millénaire pour être acceptée. Non pas qu'on ne convienne pas que la « pensée » ait, elle aussi, une existence, mais les savants seront en fait plus « cartésiens » que Descartes lui-même, ou (diront les scientifiques) plus « rationnels » : ils préfèrent accepter que l'Univers soit uniquement fait de Matière, et que la Pensée elle-même ne soit qu'un « produit » de la Matière, un produit du cerveau... un peu comme l'urine est un produit des reins. Sans doute restait-il beaucoup de choses à connaître pour préciser les « mécanismes » de la Pensée, plus généralement les mécanismes de l'Esprit, mais la Science ne veut pas être trop pressée, elle préfère attendre la Connaissance que de prétendre que ce qui est

« observable » pourrait être constitué comme... un fantôme! En d'autres termes, la Science de cette fin de XXe siècle refuse encore d'accepter que quelque chose « qui existe » (y compris la Pensée) pourrait ne pas être « observable », donc obéissant d'une certaine façon au postulat de la Matière.

Ne faut-il pas mettre cela, une fois encore, sur le compte de la tendance « naturelle » à l'anthropocentrisme? Sur sa prétention de savoir *tout* « observer »? Ne pourrait-on être dans un Univers où l'existence d'une chose n'exigerait pas d'avoir une substance « matérielle », mais d'être seulement un pur produit de la Pensée, d'être « imaginaire »? Ne pourrait-on pas penser, comme l'avait fait initialement Descartes, que notre Univers pourrait avoir une partie « observable » et une partie qui échapperait à nos organes des sens, donc ne serait pas « observable »? Et que cette partie non directement observable « existerait » quand même, *ferait partie de notre Univers,* et devrait être représentée d'une façon ou d'une autre afin d'agrandir notre connaissance de ce dernier?

C'est sur ce point précis que va se questionner la Connaissance de cette fin de siècle : et conclure pour finir que notre Univers ne pouvait se représenter *complètement* que dans un cadre référentiel qui serait capable de faire figurer à la fois la Matière et l'Imaginaire. L'Homme va prendre conscience du fait qu'il n'habite pas un Univers fait exclusivement de Matière, mais composé dans sa totalité de Psychomatière (Matière et Esprit indissociables l'un de l'autre).

Examinons cela avec une grande attention.

Nous sommes dans un Univers constitué de Matière et d'Esprit indissociables l'un de l'autre. Et ceci ne concerne pas seulement les Hommes, mais tout ce qui peuple l'immensité de notre Monde, non seulement l'Humain mais aussi le végétal, l'animal et... l'ultra-humain, comme nous en parlait déjà Pierre Teilhard de Chardin. Et aussi le minéral, c'est-à-dire les planètes et les étoiles. Bref, nous sommes dans un Univers *entièrement* vivant, car entièrement constitué de Psychomatière, de Matière dotée de conscience.

Sans doute, on avait depuis longtemps accepté que l'Esprit soit aussi « porté » par l'Univers, mais on prétendait :

- que cet Esprit avait un caractère *exceptionnel*... et qu'il était limité à l'humanité seulement (on disait parfois l'humanité « terrestre », ce qui était naturellement encore plus « limitatif »);
- que de toute manière le langage de la Matière *seule* serait suffisant pour représenter l'Esprit... qui (notamment pour les « rationalistes ») n'était pas autre chose qu'une forme « perfectionnée » de Matière. « À quoi bon encore parler d'Es-

prit? » n'avait pas hésité à me déclarer le biologiste de l'Institut Pasteur, Jean-Claude Changeux, au cours d'une interview à la télévision, un soir de 1985 (« Apostrophes », avec Bernard Pivot). « Le langage de la Physique et de la Chimie est bien suffisant, parler d'Esprit ne sert qu'à nous embrouiller! »

Nous allons voir que ce changement de postulat de base dans le langage de la Connaissance (le monde est entièrement fait de Psychomatière, et non pas de Matière seule) va s'accompagner d'un véritable changement de philosophie pour considérer le Monde dans lequel nous sommes. Mais procédons par ordre, Aristote ne nous avait-il pas déjà dit : « Pour voir les choses clairement il faut les considérer depuis leur commencement »?

Le langage de la Matière se « complexifie » de plus en plus : que veut-on dire par ce terme « complexifie »? Non seulement ce langage est fait de plus en plus de définitions, et « chargé » de plus en plus de mots, mais cette évolution est naturelle; quand on se sert d'un instrument, quel qu'il soit, on finit par lui trouver des usages qui sont de plus en plus nombreux, et c'est aussi vrai de cet instrument qu'est le langage. Celui-ci est capable, pendant un moment, de décrire la représentation toujours grandissante de l'Univers, tout en se complexifiant davantage jusqu'à ce que, à un certain moment, ce langage n'ait plus en lui-même la capacité de représenter *complètement* la Connaissance étendue que nous avons actuellement de tout l'Univers. Si on veut représenter la Connaissance au-delà de ce que « sait » dire ce langage, il va donc falloir *changer* de langage.

Ce problème important de l'interaction d'un langage (celui représentant la Connaissance de l'époque) avec les Humains qui s'en servent a été étudié tout spécialement par un philosophe canadien d'origine polonaise qui se nomme Jerzy Wojciechowski. Il était venu présenter une communication à un colloque sur « L'Esprit et la Science * », que j'avais organisé en 1983 à Fès, au Maroc, sur « L'écologie de la Connaissance ». Wojciechowski montre que cette interaction de l'Homme avec le langage de la Connaissance a deux effets généraux et apparemment contradictoires sur l'humanité. Un effet est de toute évidence positif, tandis que l'autre paraît négatif.

1. La Connaissance agit sur l'Homme comme un système de protection, qui rend la vie plus facile. Elle donne à l'existence aisance et richesse et stimule la croissance du potentiel humain, biologique et psychologique.

* *L'Esprit et la Science,* Paris, Albin Michel, 1984.

2. D'un autre côté, cette interaction engendre des situations de complexité croissante : les visions du monde, les « modèles » de vie, ont tendance à tomber rapidement en désuétude. La volonté de l'Homme, stimulée par sa Connaissance, s'ingénie à constamment aller plus loin que les accomplissements du passé, à s'ajuster à de nouvelles situations et à explorer des horizons inconnus. Et Wojciechowski conclut : « Le défi lancé par cette interaction de l'Homme à sa Connaissance nous laisse sur une alternative, et son étude minutieuse comme sa conclusion est d'une importance capitale pour l'évolution de l'humanité. »

Il arrive un moment où la Connaissance est vraiment à « double tranchant », de telle sorte qu'il y a de plus en plus d'Humains qui aperçoivent en premier lieu ce côté *paradoxal* de la Connaissance nouvelle, au point qu'on sait de moins en moins si les effets de cette Connaissance vont être bénéfiques ou maléfiques pour l'humanité.

C'est le moment où chacun sait (au moins ceux qui s'intéressent à la « communication » de la Connaissance) qu'il va falloir changer de langage, si on veut encore agrandir la Connaissance... et chacun le veut. Chacun le veut car, en premier lieu, il est impossible d'arrêter le développement de la Connaissance. Non seulement l'Humain mais tous les êtres vivants ont pour mission, depuis des millions d'années, de connaître toujours mieux l'habitacle où ils sont nés; et quand ils auront suffisamment « connu » cette partie de l'Univers qu'ils habitent, ils s'en iront « explorer » d'autres lieux, jusqu'au « bout », sans doute, de l'Univers dans l'espace et dans le temps (si cet Univers a un « bout »). Chacun veut aussi l'accroissement de la Connaissance car, comme j'ai déjà insisté sur ce point, cet agrandissement va nous contraindre à un « changement de langage ». La venue de ce que j'ai nommé le langage « paradoxal » est un signe avant-coureur de ce changement. Dans ce langage paradoxal « une chose est en même temps ce qu'elle est et son contraire ».

Une étude plus approfondie montre que cette conclusion dérive inévitablement de la constatation que nous sommes à la fois « le Un et le Tout », comme je crois l'avoir déjà souligné. Ce langage paradoxal doit être recherché, et non pas évité, il est naturel dans toute « évolution ». Ce langage paradoxal est, au moins au premier abord, certes difficile à interpréter, mais il est cependant la forme « supérieure » de la pensée, car il préfigure un élargissement de la conscience que l'Humain a de l'Univers. Le « nouveau » langage, celui qui va être « mis au monde » par l'évolution, va procéder d'un véritable acte créateur, il va représenter une nouvelle « naissance », une « renaissance » de l'Humain, c'est-à-dire une véritable nouvelle « philosophie » réglant les rapports du Vivant à l'Univers.

Comment un tel nouveau langage va-t-il prendre corps?

Il est annoncé par certaines *prêmices :* d'abord, comme Wojciechowski nous l'a dit aussi, l'aspect « paradoxal » qui frappe aujourd'hui tous ceux qui regardent d'un peu près la Connaissance et son évolution : on ne sait plus si cette Connaissance va nous mener à un cataclysme final, ou à un renouveau de l'humanité. De plus en plus de gens se rendent compte qu'il va falloir que nous « construisions » un nouveau langage, un langage qui fera jouer un rôle plus intense à notre Esprit, pour édifier notre future évolution. Nous nous sommes toujours vantés d'être un « roseau pensant » raisonnable, allons-nous donc accepter d'être écrasés par l'énorme « chêne matériel », que nous avons d'ailleurs fait grandir nous-mêmes avec ce langage de la Matière? Dieu ne nous a-t-il pas dit que, quand le moment sera venu, « il nous enverra son Esprit »? Et cet Esprit n'est-il pas, en fait, « notre » Esprit? En d'autres mots, ne nous est-il pas fortement suggéré que le chemin pour « changer de langage » consiste, au moins en grande partie, à faire appel à l'Esprit, notre Esprit, et à rechercher maintenant un langage de la Connaissance qui ne s'appuierait pas, comme jadis, sur un Univers fait exclusivement de Matière, mais sur un Univers fait de l'union de la Matière et de l'Esprit?

Autrement dit, et de même qu'il fut un moment de notre Histoire où l'on comprit que pour accroître notre Connaissance il n'allait plus falloir compter sur Dieu *seulement* (le dogme du Cercle), mais sur Dieu *et la Matière,* de même il est devenu temps de ne plus compter, pour épanouir notre évolution, sur la « civilisation matérielle » *seule,* mais sur la venue d'une nouvelle « civilisation spirituelle » (dont, il faut bien le reconnaître, beaucoup de gens suffisamment « clairvoyants » ont déjà annoncé la venue, notamment André Malraux).

Mais comment faire, *pratiquement?* Trêve de théorie, nous avons maintenant tâche de construire un nouveau langage, qui nous permettrait d'aller plus loin que la représentation de l'Univers que fournissait le langage de la Matière. Plus précisément, nous recherchons un langage qui ferait mieux entrer en ligne de compte l'Esprit.

Einstein nous avait peut-être montré la voie quand, mécontent de la représentation de l'Univers qu'offrait le probabilisme de la théorie quantique, il nous avait dit et répété pendant près de trente années :

« Je ne prétends pas que le probabilisme nous donne une représentation erronée des phénomènes de l'Univers, je dis seulement que cette représentation est *incomplète*, autrement dit qu'on ne décrit pas *tout* le phénomène, qu'on passe à côté d'une partie du phénomène qu'une représentation " complète " pourrait décrire, et nous apprendre alors sur ce phénomène des aspects importants que le probabilisme a laissés de côté. »

Je pense que la Physique actuelle, avec son langage purement « matériel », est dans la même situation qui amenait la remarque d'Einstein. Einstein avait raison, le probabilisme ne nous découvrait qu'une partie seulement du phénomène, mais ce qui manquait *n'était pas accessible au langage matériel ancien* (comme le croyait, par erreur, Albert Einstein), c'était une part qui devait faire intervenir directement l'Esprit, et à travers un nouveau langage, que nous avons appelé le langage de la Psychomatière, un langage qui postule d'une manière fondamentale que l'Univers est constitué *entièrement* d'une association étroite de Matière et d'Esprit (un peu comme nous avons un « corps » de Matière et aussi un Esprit).

Racontons un peu comment cette « transition » a eu lieu, cela me semble valoir la peine.

Il y avait un aspect qui, de plus en plus, en Physique, paraissait ne pas offrir au langage une manière *complète* de s'exprimer, et c'était celle-ci : on cherchait bien sûr à réduire les particules « élémentaires » de Matière (les « briques » élémentaires qui composaient toute la Matière) à un nombre aussi faible que possible. On n'y arrivait pas, on pouvait (semble-t-il) toujours « briser » une particule en « morceaux » plus petits... jusqu'à ce qu'à la fin on obtienne une particule d'un volume « nul » : comment cela était-il possible, alors qu'on voyait bien (même les physiciens!) que l'Univers n'était pas fait... de rien?

Au début de 1989 ces « briques » élémentaires paraissaient être seulement six, qui s'appelaient électron, quark, graviton, gluon, neutrino, photon. Ces « briques » élémentaires avaient cependant une particularité, qui « angoissaient » un peu les physiciens capables de penser non seulement physiquement mais aussi « philosophiquement » (ce n'est pas le fait de tous, il s'en faut!) : ces « briques » élémentaires formant toute la Matière paraissaient *ponctuelles* (*point-like* en anglais), c'est-à-dire occupaient un volume *nul* d'espace. Passe encore pour le neutrino et le photon, qui avaient certes un volume nul et circulaient toujours à la vitesse de la lumière : Einstein nous avait habitués, depuis plus de quarante années, à ce que le neutrino et le photon aient un « volume » nul mais circulent toujours rigoureusement à la vitesse de la lumière, vitesse qu'on ne pouvait dépasser; de telle sorte que, malgré leur volume nul, on pouvait attribuer à ces particules une énergie (une masse) « relativiste » non nulle. On pouvait donc à la rigueur concevoir un photon ou un neutrino de volume nul logeant une masse (relativiste) non nulle.

Que se passait-il pour les quatre autres « briques » élémentaires, électron, quark, graviton et gluon? Il n'était pas possible de dire que ces « briques » avaient une masse nulle; il n'était pas non plus possible de dire qu'elles circulaient toujours à la vitesse de la lumière. Elles avaient donc une masse non nulle qu'il allait falloir loger dans un volume nul d'espace... puisqu'elles étaient ponctuelles. Pire, toutes ces « briques » possédaient ce que les physiciens nomment un « spin » (ces particules tournent sur elles-mêmes comme le ferait une petite toupie, d'où le nom de « spin », qui signifie, en anglais, « tourner comme une toupie »). Ce spin des particules constituant notre Univers n'était, lui non plus, pas nul! Il avait des valeurs non nulles qu'on pouvait aisément mesurer. Comment un volume pas plus gros qu'un « point » pouvait-il avoir un « spin » non nul?

Sans doute les physiciens sont gens ingénieux, et bien sûr ils s'en tirent (presque) toujours, ils s'arrangent généralement pour fournir des explications cohérentes pour les phénomènes qu'ils souhaitent représenter : pourtant aujourd'hui de plus en plus nombreux sont ceux qui se trouvent un peu « mal à l'aise » devant certaines notions que n'hésite cependant pas à promouvoir la Physique actuelle. Le problème qu'offre une particule de Matière « à volume nul » est, sans aucun doute, ce qui rend « inconfortables » beaucoup de physiciens actuels (au moins, comme je l'ai déjà dit, les physiciens capables de penser « philosophiquement »).

Pourquoi tellement insister sur le fait que notre Univers contient des « choses » qui sont difficiles à représenter? Parce que, pour représenter quoi que ce soit dans notre Univers, il faut pouvoir disposer d'un référentiel qui comportera les dimensions nécessaires à cette représentation. C'est ainsi qu'on ne pourra jamais représenter le déplacement d'un obus tiré par un canon si un vent fort a pour effet de faire déplacer cet obus dans une direction perpendiculaire au plan de tir : il manque une dimension pour représenter le mouvement réel de l'obus. Nous venons de voir que le simple langage de la Matière ne saurait tout représenter dans l'Univers, en particulier un objet à volume nul ayant cependant une masse. Pourtant l'observation de l'Univers nous montre qu'un tel objet « existe ». On constate expérimentalement sa présence.

Mais pourquoi ne serait-on pas dans une situation analogue avec l'Esprit? Si on a une réelle difficulté à représenter l'Esprit c'est peut-être simplement parce qu'on veut le représenter dans un « référentiel » ayant *trop peu* de dimensions.

Cette voie de recherche, qui s'efforce de repré

senter plus de choses « observables » dans notre Univers en accroissant le nombre de dimensions, fut en fait inaugurée, au début de ce siècle, par un physicien russe nommé Kaluza. Celui-ci tenta d'offrir, vers 1920, un formalisme de représentation qui aurait unifié gravitation et électromagnétisme (ce qui était le grand problème pour la Physique de l'époque). Kaluza prétendait que notre Univers n'avait pas quatre dimensions, comme le prétendait Einstein, mais *cinq*.

Cette idée, d'abord refusée par Einstein lui-même, cette conception qui envisageait un Univers à cinq dimensions tenta de « percer », mais n'y réussit jamais complètement. C'était sans doute simplement « trop tôt », les physiciens n'étaient pas encore mûrs pour un changement de langage aussi radical. Mais il se préparait cependant quelque chose qui allait finir par faire « éclater » le dogme des quatre dimensions, c'était l'Esprit : il fallait bien que, tôt ou tard, on trouve la place pour le représenter... et on allait le faire en constatant que cet Esprit venait bien se loger *dans des dimensions supplémentaires,* dans des dimensions « cachées », comme disent les physiciens maintenant.

Ce n'est pas le lieu pour exposer ici le formalisme à dix dimensions proposé par le prix Nobel pakistanais Abdus Salam, ou le formalisme à onze dimensions de l'Américain de Berkeley, John Schwarz, ou encore le formalisme à huit dimensions proposé par moi-même avec ma Relativité complexe. Notre objectif initial, à tous trois, était de montrer que, en supposant l'Univers avec ce nombre supplémentaire de dimensions, on parvenait à une représentation « unifiée » des interactions en Physique actuelle, ce que recherchait la Physique depuis déjà plusieurs décennies.

Mais je fus le seul, avec ma Relativité complexe, à montrer que les dimensions nouvelles permettaient, pour la première fois, de donner une représentation de l'Esprit. C'est pourquoi je crois à juste titre que la Relativité complexe est le premier « langage de la Matière et de l'Esprit », ou langage de la Psychomatière.

INTRODUCTION DE L'ESPRIT DANS LA MATIÈRE

Ainsi, pour représenter l'Esprit en Science, il allait falloir admettre que notre Univers, qu'on avait cru jusque-là avoir seulement quatre dimensions (trois d'espace et une de temps), avait des dimensions supplémentaires « cachées ». Nous nous limiterons à considérer la Relativité complexe, qui me paraît, à bien des points de vue, être la plus « prometteuse ».

1. *Les « dimensions » de l'Esprit*

René Descartes avait, il y a quatre siècles, le mieux laissé entendre ce qu'il fallait comprendre exactement par « dimensions de l'espace où se loge l'Esprit ». Descartes nous avait dit qu'il n'y a pas un seul endroit, mais *deux endroits,* où se localise ce qui est « existant » dans l'Univers : l'endroit où se situe la Matière, dans ce qu'il nommait « l'étendue »; et l'endroit où se situe l'Esprit, dans ce qu'il nommait « la Pensée » (ou l'Imagination). Et René Descartes, poursuivant sur de telles idées, était convaincu que si nous voulions décrire complètement ce qui est « existant » dans l'Univers, il fallait naturellement décrire *tout* ce qui existe, à savoir la Matière *et* l'Esprit; et donc décrire les « deux » espaces différents où ils sont « existants ».

Une remarque importante doit être faite ici : il semble que la Matière et l'Esprit sont des choses « complémentaires » qui se correspondent, un peu comme si la Matière dessinait des « Formes » dans l'espace alors que l'Esprit allait proposer des « significations » pour ces mêmes Formes. Il semble qu'on pourrait presque dire que la Matière et l'Esprit sont des choses qui sont « le reflet » l'une de l'autre, un peu à la façon dont on peut « se refléter » dans l'eau du lac quand on se penche et qu'on aperçoit son image. Pour être encore plus précis, nous pourrions dire que la Matière va porter « la forme » des choses, tandis que l'Esprit va porter le (ou les) « symboles » qui représentent cette chose. L'un est comme « le dedans » de l'autre.

En d'autres mots, la représentation de « l'existant » va nécessiter *deux fois* un espace à quatre dimensions, l'Univers de la Connaissance « tient » donc dans deux fois un espace à quatre dimensions, dont l'un serait en quelque sorte le « reflet » de l'autre.

2. *La définition de l'Esprit*

Nous arrivons à un point crucial de notre exposé : qu'est-ce que l'Esprit? Qu'entend-on exactement par ce mot?

Je sais d'expérience que ce terme a un sens « ambigu », et il nous paraît d'autant plus ambigu qu'on voudrait savoir de manière *précise* ce qu'il faut comprendre par ce terme-là. J'ai fait beaucoup de conférences qui avaient pour thème « l'Esprit », ce qu'il signifie dans le langage courant, et aussi où en est la Physique actuelle dans la Connaissance de l'Esprit : il m'a rarement été donné d'être complètement d'accord avec mes interlocuteurs.

Les physiciens « rationalistes », comme Jean-

Claude Changeux de l'Institut Pasteur, donneront une définition purement matérialiste de l'Esprit : l'Esprit est un organe du corps fait de Matière, avec un fonctionnement « neuronal » qu'il n'est pas facile de comprendre, mais qui est sans aucun doute fait avec les matériaux de la Physique et de la Chimie... et dont un jour (sinon dès maintenant) on pourra expliquer complètement le fonctionnement en termes de Physique et de Chimie (Changeux *dixit !*).

Or, je crois que c'est à ce point qu'il faut être ferme, nous les scientifiques « spiritualistes », au moins si on désire avancer un peu dans le langage qui exprime la Connaissance. Il faut bien voir aussi que je n'ai rien contre les « raisonnements » de Changeux, ces raisonnements auraient sans nul doute été, encore au début de ce siècle, le *summum* de la manière de mettre en mots notre Savoir sur l'Esprit. Je dis seulement que les raisonnements de Changeux se déroulent dans le « langage de la Matière », dont nous avons décidé de changer, afin de pouvoir aller un peu plus loin dans la Connaissance.

Je vais simplement dire que l'Esprit est « un principe d'ordre », ou mieux encore, pour me rapprocher du langage de la Science, un principe « néguentropique ». Et par « principe d'ordre », je veux me contenter d'entendre que l'Esprit est ce qui va permettre de fournir une « signification » à l'Univers, donc de « relier » les points de l'Univers entre eux, de réaliser finalement une sorte d'« union » entre les différents points de l'Univers.

On sait que l'entropie exprime le « désordre » d'un système *uniquement constitué de Matière,* c'est-à-dire où n'intervient pas du tout l'Esprit. La Physique nous montre que, dans un tel système matériel, il y a une quantité qui ne peut *que rester constante ou augmenter,* c'est le « désordre » (ou l'entropie) du système, qui peut se traduire par l'énergie qu'on pourra tirer de ce système. Plus le système est en « désordre » initialement, moins on sera susceptible d'en extraire de l'énergie. Exprimé en d'autres mots, plus l'entropie du système est grande, moins on peut tirer d'énergie de ce système. La « néguentropie » est simplement l'entropie changée de signe, donc plus l'entropie d'un système est élevée, plus la néguentropie de ce système sera basse.

L'entropie a été très étudiée en Physique (thermodynamique) au siècle dernier, on a vérifié ce concept concernant un système matériel depuis la marmite d'eau (qui ne peut se réchauffer « toute seule ») jusqu'à une automobile (qui ne fonctionne pas sans énergie, celle-ci pouvant éventuellement provenir de la combustion de l'essence). On a voulu appliquer ce principe à l'Univers entier, et, comme c'est apparemment un système « isolé », on en a d'abord conclu que l'Univers ne pouvait que « perdre de l'énergie », c'est-à-dire avoir un « désordre » allant en augmentant. Mais cela a fini par déplaire aussi bien aux philosophes qu'aux scientifiques – chacun accepte difficilement d'appartenir à un Univers qui ne peut qu'évoluer vers le désordre... et on a commencé à soupçonner qu'il pourrait bien y avoir aussi un « principe d'ordre » à l'œuvre dans tout l'Univers. C'est sans doute la principale raison qui a justifié que la Science s'intéresse à l'Esprit.

Car ce principe d'ordre, il semble bien que ce soit celui que doit exprimer dès le départ le langage « de la Matière et de l'Esprit ». L'Esprit est associé à un « principe d'ordre », c'est-à-dire un principe néguentropique. Tout ce que peut accomplir l'Esprit obéit à un principe d'ordre. Exprimé d'une autre manière, étant donné que nous avons vu que l'énergie de l'Univers est nulle à tout instant (énergie positive exactement équilibrée par énergie négative), et que cet Univers est composé d'entités faites d'une association de Matière et d'Esprit, toute croissance du désordre est exactement compensée par une croissance de l'ordre. C'est pourquoi il est difficile de concevoir un Univers où Matière et Esprit seraient dissociés l'un de l'autre, et que nous sommes donc aujourd'hui amenés à une représentation de l'Univers dans le langage « de l'Esprit et de la Matière », et non comme par le passé un langage de la Matière seule.

Cette définition très générale de l'Esprit comme un principe d'ordre me paraît avoir au moins deux raisons, ou en tout cas deux « objectifs » :

• D'abord je vais cesser de me tourmenter, comme le font inconsciemment tous les scientifiques, pour me demander si ce que j'ai défini comme « l'Esprit » a bien un fonctionnement qui justifie de le nommer... Esprit. Je choisis que, par définition, est « Esprit » ce qui peut introduire de l'ordre dans notre Univers : l'Esprit est donc un PRINCIPE D'ORDRE.

Mes auditeurs, au cours de mes conférences, m'ont maintes fois fait observer qu'ils voudraient bien entendre de ma bouche ce que je voulais signifier exactement par ce terme d'« Esprit ». Pour moi, l'Esprit n'est nullement une « structure » que je dessinerais au tableau : c'est un « principe d'ordre »; et dès que j'introduis la « signification » d'un mot quel qu'il soit, nous sommes en présence de l'Esprit, car cet Esprit traduit cette présence par un « principe d'ordre », par définition.

J'ai donc choisi une définition *plus générale* que celle s'appuyant sur un simple « modèle » dessiné au tableau noir; mon « modèle » à moi de l'Esprit est « un principe d'ordre », un point c'est tout. C'est cela, un « nouveau » langage pour la Connaissance, et surtout quand cette Connaissance prétend parler de l'Esprit : on s'exprime au niveau des « principes », le « modèle » est trop « élevé » pour s'exprimer par un dessin géométrique qu'on saurait représenter au tableau noir, ou même encore au moyen d'un formalisme mathématique plus ou moins complexe. De tels « modèles » géométriques ou mathématiques ne viendront éventuellement *qu'après,* quand on voudra détailler un peu le langage basé sur la simple définition de l'Esprit comme « principe d'ordre ».

• Que de fois ai-je entendu les scientifiques s'étonner que l'on découvre « la beauté » de l'Univers! L'Univers, tel que nous le dévoile notre Esprit, apparaît habituellement comme « harmonieux ». Une rose est « belle ». Un paysage de montagne est « grandiose ». Pourquoi ne trouve-t-on pas, au moins quelquefois, que la Nature est « laide »? Plus généralement, c'est Einstein qui s'étonnait du fait que la Nature soit « compréhensible », c'est-à-dire que l'Univers présente, dans son ensemble, un certain « ordre » que nous pouvons « déchiffrer ». La réponse est ici toute trouvée : nous « lisons » la Nature avec notre Esprit, et *c'est cet Esprit qui introduit de l'ordre dans la Nature,* car cet Esprit est constitué par un principe d'ordre.

Le physicien John Archibald Wheeler, que j'ai le plaisir de bien connaître, et qui dirige le Département de Physique théorique à l'Université de Princeton, aux États-Unis, est l'auteur d'une thèse célèbre appelée *Laws without Laws* (Des lois sans lois). Il prétend qu'au début du monde l'Univers était un « chaos », et que les particules de Matière circulaient en tous sens dans le cosmos sans aucune des lois que la Physique a aujourd'hui répertoriées. Et, toujours selon Wheeler, les particules de Matière, en « se frottant » l'une contre l'autre, auraient fini par « inventer » les lois d'elles-mêmes, telles que nous trouvons maintenant ces lois dans tout l'Univers. Mais John Wheeler pense, à juste titre, que cela n'est possible que s'il existe, à l'échelle de l'Univers entier, ce qu'il nomme *a regulating principle* (un principe d'ordre), qui fasse que le chaos se transforme graduellement en un milieu ordonné. En d'autres termes, pense Wheeler, il existerait un « principe d'ordre » continuellement à l'œuvre dans l'Univers. Et Wheeler, qui ne croit (comme Changeux!) qu'au langage de la Matière, déclare que ce sera le rôle important de ce qu'il nomme « la prochaine ère de la Physique » de découvrir ce « principe d'ordre », « caché » parmi les lois actuelles de la Matière, et capable de transformer tout chaos initial en un milieu parfaitement ordonné.

Je crois, mon cher Wheeler, que nous n'avons sans doute pas encore trouvé ce « principe d'ordre », mais que nous sommes en tout cas dès maintenant « sur la piste », car ce « principe d'ordre » porte le nom d'Esprit! Et l'Esprit, c'est ce qui « imbibe » toute la Matière de notre Univers!

CHAPITRE IV

Mémoire et Conscience

« Quand pour la première fois, dans un Vivant, l'instinct s'est aperçu au miroir de lui-même, c'est le Monde tout entier qui a fait un pas. »

Pierre Teilhard de Chardin

Ainsi, le langage de la Matière et de l'Esprit (on dit encore le langage de la Psychomatière) est venu remplacer le langage de la Matière seulement. Cela ne veut évidemment pas dire que les Vivants (au moins certains d'entre eux) n'utilisaient pas par le passé leur Esprit pour exprimer leur savoir, qu'il s'agisse des Humains ou des règnes vivants qui ont précédé ceux-ci (minéral, végétal ou animal). Mais on va maintenant construire cette Connaissance en ayant bien conscience que le Vivant forme une « grande famille », une famille qui emplit notre Univers, et qu'une certaine continuité peut se lire à travers tout ce Vivant. Ces Vivants disposent tous de « mécanismes » analogues pour communiquer avec l'Univers, des mécanismes qui se nomment l'Intuition et la Raison, quoiqu'ils usent de ces deux mécanismes d'une manière variable (nous allons y revenir). Ce que nous voulons dire c'est que nous, les Vivants de cet Univers, nous sommes tous faits de « modèles » analogues, avec un « tissu » constitué de Matière et d'Esprit (la Psychomatière).

Nous voudrions, dans le présent chapitre, insister sur la structure de l'Esprit du Vivant, puisque cet Esprit est l'élément essentiel *nouveau* qu'on se propose d'introduire dans notre langage de la Psychomatière. Nous allons voir que par le mot « Esprit » nous entendons deux caractéristiques essentielles, qui appartiennent au Vivant tout entier (quoique naturellement en quantités variables pour chaque règne vivant) : la conscience et la mémoire.

Nous commencerons par voir comment l'introduction de l'Esprit dans notre langage a modifié profondément ce langage. En gros, je voudrais dire d'abord comment l'aspect de la représentation de l'Univers est immédiatement transformé par cette introduction de l'Esprit dans le langage scientifique : et d'abord dire quelques mots du Réel (qui est l'espace auquel se limite la Connaissance ancienne, celle de la Relativité générale d'Einstein et des théories quantiques et probabilistes de Schrödinger, de De Broglie, de Bohr, d'Heisenberg... et des autres); et du nouvel espace, où on se propose de situer l'Esprit et ses fonctionnements, espace que j'ai nommé « l'Imaginaire » dans ma Relativité complexe.

LE RÉEL ET L'IMAGINAIRE

1. *Un espace de l'Esprit*

Je me trouve donc devant une représentation de l'Univers qui va maintenant prendre place non plus sur un, mais sur deux espaces différents, le Réel et l'Imaginaire. Commençons par voir comment ces deux espaces se situent l'un par rapport à l'autre; et aussi examinons attentivement ce qu'on se propose de mettre dans ces deux espaces.

Il y a d'abord la représentation de l'Univers que nous offrait Einstein. C'est une sorte d'immense « boule » en expansion, ayant des dimensions qui se mesurent en milliards d'années-lumière, et qui dans le futur va sans doute se mettre à « se contracter ». Mais cela devrait avoir lieu dans des milliards d'années, de telle sorte que nous n'en parlerons pas maintenant.

Il s'agit de l'espace « ancien » qu'on croyait contenir « tout » l'Univers, c'est-à-dire tout ce qui existe. C'était la représentation de l'Univers qu'on nous proposait il y a quelques décennies. L'Univers aurait été « créé » par Dieu, il serait fait essentiellement de Matière (les étoiles, les planètes, etc.). Et, répandus dans cette immensité, il y aurait de rares êtres vivants, dont en particulier des êtres humains, mais si rares qu'on peut se demander si cela vaut la peine d'en parler.

Nous mentionnerons quand même ces très « rares » êtres vivants, car il y a parmi eux les « Humains », et ceux-ci sont dotés de très étranges et très ambitieuses qualités. Ces Humains sembleraient dissimuler en eux quelque chose qu'on nomme « Esprit », et qui pourrait leur permettre de jouer une sorte de rôle de « Seigneur » dans cet immense Univers.

En effet, en « domestiquant » toute la Matière de cet Univers, et en se rendant finalement les « Maîtres » de ce Monde, ils vont pousser l'ambition jusqu'à croire un moment que ce vaste Univers n'a été créé par Dieu qu'*exclusivement* pour eux, un peu comme si tout le reste ne contenait que les décors d'un théâtre, où ces Humains seraient seuls à jouer une « mystérieuse » pièce. Une pièce d'ailleurs toute à leur honneur, mais une pièce qu'ils ont écrite eux-mêmes!

Si les choses étaient vraiment ainsi, on pourrait se demander si c'est le bon Dieu... ou le Diable qui a mis tout le monde « en scène »! Car ces petits Humains, au moins tels qu'on les connaît sur notre Terre, avec leur violence et leur intolérance, ressemblent sans nul doute beaucoup plus à des diables qu'à des anges!

Mais voici qu'arrivant à la fin du XXe siècle, on commence à soupçonner que cette « version » des faits ne peut être exacte : l'Esprit, bien « compris », jouerait au contraire un rôle fondamental dans notre grand Univers. En fait tout ce qui y existe serait « vivant », et composé d'un corps de Matière et d'un Esprit. On appelle cela de la Psychomatière. Cet Esprit est lui-même fait d'une conscience et d'une mémoire. Certes, cette mémoire serait variable d'une espèce vivante à l'autre : mais cet Esprit est toujours présent, il n'est rigoureusement nul chez aucun être de ce Monde, de telle sorte qu'on peut dire que nous sommes dans un Univers *entièrement* vivant... même les cailloux qui bordent le chemin ont une petite « mémoire », et sont donc « vivants ».

Et, comme certains physiciens commencent à le prétendre, cet Esprit se logerait dans un espace nouveau, différent de l'ancien Réel, et qu'on a nommé *l'Imaginaire.*

2. *Présentation de l'Imaginaire*

Qu'est-ce que cet Imaginaire? Et pourquoi la Physique, qui sait aujourd'hui tant de choses, ne nous avait jamais parlé de ce nouvel espace de l'Imaginaire?

La première réponse (celle des Physiciens Abdus Salam et John Schwarz fut d'essayer de dire qu'on ne voyait pas cet espace Imaginaire... parce qu'il était trop petit... ce qui ne fut cependant pas un argument pour convaincre longtemps la communauté scientifique.

Un autre argument, beaucoup plus sérieux celui-là, fut de dire qu'on ne voyait pas l'espace Imaginaire parce qu'il enfermait l'Esprit lui-même, et que cet Esprit demeure « personnel », c'est-à-dire qu'on ne peut pas voir l'Esprit « des autres » (de même qu'on ne peut pas « lire » les pensées du voisin). Et on ne peut pas voir non plus son propre Esprit (de même que l'œil qui regarde ne peut pas « se regarder » lui-même).

Bref, il y aurait bien un Imaginaire mais il est, par définition, « inobservable ».

Cet Imaginaire serait comme une « peau » de notre Réel, une peau de très faible épaisseur qui recouvrirait tout le Réel, et serait en interaction continuelle avec lui. Mais, comme je l'ai dit, c'est une peau « inobservable ». Et la Physique, qui se veut être avant tout une science « objective », a « décrété » qu'elle ne pouvait pas s'intéresser à ce qui était inobservable; qu'elle l'assimilait à un « fantôme »!

L'Esprit, qui joue un si grand rôle dans notre Univers, ne serait qu'un « fantôme »! Bravo, Messieurs les physiciens!

3. *L'Imaginaire comme le « dedans » du Réel*

Quand je mettais au point ma Relativité complexe, où j'introduisais l'Esprit dans la Physique, et dans laquelle je constatais qu'il allait falloir donner désormais la représentation de l'Univers dans *deux* espaces, le Réel et l'Imaginaire (et non plus dans le seul espace du Réel, comme auparavant), je remarquais qu'une caractéristique importante permettait de situer ces deux espaces l'un par rapport à l'autre, et de les « visualiser » : en fait, le Réel était composé d'une infinité de points, comme tout espace; mais l'Imaginaire me permettait d'aller « plus loin » que le point, puisqu'il « pénétrait » dans chaque point, et fournissait des détails sur « ce qu'il y avait » à l'intérieur de ce point. En somme, l'Imaginaire permettait de réaliser l'ambition de Pierre Teilhard de Chardin : un point d'un espace quelconque avait non seulement un « dehors » permettant de lui associer certaines caractéristiques observables, mais aussi un « dedans », dont les caractéristiques ne sont pas directement observables, mais qui doit compléter la représentation de ce point.

Ce « dedans », je le représentais dans mon espace imaginaire. L'Imaginaire était donc là pour aller « plus loin » que le point mathématique (sans volume), il permettait de « descendre » à l'intérieur du point, et de dire ce qu'il y avait dans cet « intérieur » : et ce que je disais, c'est que le « dedans » de ce point décrivait l'Esprit, ou plutôt la « structure » de l'Esprit, Conscience et Mémoire.

Cela n'avait rien d'étonnant qu'on soit demeuré si longtemps sans même « soupçonner » l'intérieur du point, car après tout tous les physiciens vous auraient déclaré il n'y a pas si longtemps qu'un point « n'avait pas d'intérieur », par définition. Or cette opinion, qui semblait pourtant « toute naturelle », s'avère aujourd'hui inexacte, un point a bien un intérieur, mais cet intérieur, ce « dedans », est « inobservable » selon les anciens critères définissant les « formes » de l'Univers.

Ce que l'Imaginaire nous a découvert c'est que les physiciens peuvent faire comme Alice (au pays des merveilles) : « descendre » dans l'invisible; et y trouver là des structures qui intéressent bigrement les physiciens, à savoir les structures de l'Esprit.

LE « DOUBLE » REGARD DE L'ESPRIT

Quand je développai ma Relativité complexe en 1985, et que je commençai à décrire ce qu'il y avait dans ce nouvel espace imaginaire, je fus très tôt frappé par une caractéristique : non seulement chaque point de l'immense Univers du Réel m'apparaissait comme doté d'une sorte de « tête » (petite, « ponctuelle », mais « représentable » néanmoins : ne peut-on pas représenter un point?), mais cette « tête » possédait aussi une sorte de « regard » pour prendre connaissance de notre Univers.

À la réflexion, pourquoi aurais-je été tellement surpris par ce « regard »? Car à quoi aurait servi d'avoir un Esprit si on ne pouvait pas « voir » ce qu'il y avait dans cette demeure, qui est notre Univers à tous?

Je « diagnostiquai » la présence d'un « regard » sous la forme d'une onde qui prenait naissance dans la « tête » imaginaire, et se propageait autour de cette tête, dans tout l'Univers.

Une étude un peu plus approfondie me permettait de constater que ce « regard » était « double » : fait de *deux* ondes parcourant l'espace du Réel, et possédant deux fréquences différentes. La première fréquence semblait « explorer » la totalité de l'Univers, et paraissait justifier que chaque être puisse se « fondre » avec le Tout; le second regard interagissait avec tout ce qui était plus « rapproché ». Je vais nommer ces deux regards : « regard de la Conscience » et « regard de la Mémoire ».

LE REGARD DE LA CONSCIENCE ET LE REGARD DE LA MÉMOIRE

Nous allons examiner tour à tour ces deux « regards » qui sont mis à la disposition de chaque être pour prendre connaissance de l'Univers dans lequel il est plongé.

1. *Le regard de la Conscience*

Le regard de la Conscience semble être le premier qui a permis aux êtres vivants de « communiquer » entre eux.

Ce regard s'appuie sur un « état vibratoire » de l'Imaginaire qui ne dépend que de la « courbure » de la tête particulaire qui va émettre cette vibration. Plus l'espace du Réel est « courbé » au point où a lieu l'émission, plus la fréquence de l'onde de phase qui est associée est également élevée. On ne peut pas ici entrer dans trop de détails mathématiques, qui pourtant préciseraient grandement ces informations, les lecteurs qui souhaiteraient approfondir ces notions se reporteront à mes ouvrages publiés, notamment *La Relativité complexe*...

Ce regard de la Conscience est celui qui a le premier été remarqué par les physiciens : c'est ce « regard » qui conduit à dire que tout point du Réel est caractérisé non seulement par un aspect « corpusculaire » mais aussi par un aspect « ondulatoire », la fréquence de l'onde vibratoire dépendant de la « courbure » (c'est-à-dire de la masse) au point d'émission. Cette fréquence vibratoire est celle que les physiciens, tels Schrödinger ou de Broglie, ont proposée dès le milieu du siècle comme une caractéristique « vibratoire » essentielle pour connaître le comportement de la particule (à côté de son aspect « corpusculaire » caractérisé par la masse au point d'émission, donc aussi par la courbure de l'espace réel en ce point).

En fait, cet état « vibratoire » forme la base de ce qu'on nomme maintenant le « probabilisme ». Comme on le sait, il conduit à une révision profonde de ce que les physiciens entendaient jadis par le « déterminisme » (qui a été longtemps la base de toute l'observation scientifique). Aujourd'hui, il n'est plus possible de dire, comme jadis, que telle particule de Matière, qui est en cet instant en ce lieu précis et possède une vitesse relative connue par rapport à un observateur, sera observable à nouveau à tel instant ultérieur en tel autre point de l'espace du Réel : nous ne connaissons plus qu'une « probabilité » que cette particule soit observable à cet instant en tel point du Réel. C'est le « probabilisme », qui a modifié profondément notre façon de représenter l'Univers... et auquel beaucoup de physiciens (à commencer par Einstein) n'ont jamais cru pleinement. Ceux-là étaient persuadés que, tôt ou tard, cette conception serait à nouveau modifiée.

Pourquoi appelons-nous cette caractéristique, qui permet à toute particule de Matière de s'aider à « se situer » par rapport à la totalité de notre Univers, le « regard de la Conscience »? Parce que ce « regard » ne nous renseigne pas *de manière précise* sur le comportement ultérieur de la particule qui est dotée de ce regard, les résultats de ce regard c'est de nous dire comment « tous les autres » vont venir influer sur notre propre comportement, c'est ce que j'ai déjà appelé, dans d'autres publications, notre « non-vouloir » : l'influence « des autres », de tous les autres globalement, sur notre propre comportement, ne dépend en effet pas de nous, ce comportement dépend essentiellement de tout l'Univers, de tous les autres, et donc nullement de notre propre « vouloir ». Et d'ailleurs, comme nous sommes incapables de prévoir de façon précise comment vont se comporter « les autres », nous ne pourrons que donner une « probabilité » de ce que va être notre propre comportement sous l'influence de notre « non-vouloir ». C'est pourquoi nous appelons cette communication de l'être avec le monde extérieur « regard de la Conscience », car il nous fournit seulement une « probabilité » de ce que va être notre propre comportement sous l'influence de ce « non-vouloir ».

À vrai dire, il y a d'autres raisons pour appeler ce regard celui de la Conscience. Ce regard nous rend « solidaires » de l'Univers entier, avec ce regard nous sommes « le tout », nous n'avons aucun besoin de faire fonctionner notre « mémoire » pour prendre conscience que nous « vivons », Descartes aurait pu dire : « Je suis conscient, donc je suis. » Nous allons voir que la Mémoire donne toujours naissance à un Univers « relatif », un Univers qui doit nécessairement reposer sur les premiers « postulats » qu'on a acceptés comme « vrais », qui est donc une sorte d'Univers « artificiel », et non pas notre unique Univers authentique, qui lui ne doit pas dépendre des postulats de notre Connaissance. Cet Univers « vrai », qui ne dépend d'aucun postulat, et qui pour cette raison est « le même » pour tous les êtres vivants, c'est l'Univers que l'on « sent » avec tout notre corps en nous fondant avec le Tout, c'est l'Univers associé au regard de la Conscience, c'est l'Univers lié à notre Intuition... mais, nous allons le voir, c'est un Univers seulement accessible au Silence.

J'ai dit que ce regard de la Conscience a été le premier à aider les êtres vivants à communiquer entre eux. En effet, ces êtres ne disposent pas encore, au départ de l'évolution, d'un « symbolisme » approprié leur permettant non seulement d'échanger des « signes » entre eux, mais encore de convenir d'une « signification » de ces signes. Autrement dit, ils sont encore incapables de construire un véritable « langage ». Cela va apparaître à un stade ultérieur de l'évolution, avec le « langage de la Mémoire ».

2. *Le regard de la Mémoire*

La Relativité complexe va nous montrer, dans ses équations, que l'Imaginaire dispose d'un second « regard » pour communiquer avec son monde extérieur, c'est-à-dire l'espace du Réel. Ce second regard apparaît pour certaines valeurs particulières de la « quantification » qui caractérise la « tête » située dans l'Imaginaire. Cette « tête » voit en effet le mouvement quantifié des neutrinos à l'intérieur de son propre espace imaginaire. Mais ce mouvement de neutrinos ne peut s'effectuer que si on définit simultanément des « conditions initiales » pour ce mouvement de neutrinos. Or ces conditions initiales ne peuvent être choisies que dans l'espace réel, c'est-à-dire dans le monde « extérieur ». D'autre part, ce nombre de conditions initiales à prélever dans ce monde extérieur du Réel croît très rapidement. Tout cela conduit à mettre à la disposition de la « tête » imaginaire un langage de plus en plus riche en signes et en symboles à signification.

J'ai parfaitement conscience que tout cela peut ne pas paraître très « clair », et c'est pourquoi je demande à mon lecteur beaucoup de patience, et de faire confiance au formalisme que j'ai développé à ce sujet. Ce qu'il faut retenir, c'est qu'apparaît avec l'évolution ce regard de la Mémoire, qui dispose d'un symbolisme de plus en plus élaboré pour donner des « significations » au monde extérieur. Comme l'avait déjà pressenti Pierre Teilhard de Chardin, l'évolution va voir ce langage se développer par « seuils », ces seuils correspondant en fait à la quantité de symboles à signification conventionnelle dont va pouvoir disposer ce langage. Le plus bas de l'échelle est le minéral, qui possède déjà un langage, mais extrêmement restreint, un langage où se matérialisent à peine plus de 200 significations. Puis le nombre des symboles à signification croît rapidement, près de 100 000 symboles signifiés pour le règne « végétal »; plus du milliard de symboles signifiés pour l'animal, plus du milliard de milliards de symboles signifiés pour l'Humain... et toujours plus si on monte encore plus haut dans l'évolution, vers ce que Teilhard nommait « l'ultra-humain »...

Nous reviendrons sur ces « seuils » du langage que franchit la Mémoire dans l'Univers, en s'appuyant sur ce regard de la Mémoire qui devient sans cesse plus riche. Mais il est certain que nous sommes ici simplement en présence du « premier pas » pour essayer de comprendre sur quels « mécanismes » repose l'Esprit pour accomplir son « développement », et que bien d'autres pas seront à accomplir pour commencer à comprendre toutes ces merveilles qui caractérisent l'Univers « Vivant »...

L'ESPRIT EST AVANT TOUT UN PRINCIPE D'ORDRE QUI « RENVERSE » LE TEMPS

Je n'étais pas encore au bout de mes surprises, dans cette étude de l'Esprit avec ma Relativité complexe! Et ma « plus grosse » surprise m'attendait encore!

L'Imaginaire m'est apparu d'abord comme une sorte de « reflet » du Réel : en effet, cet Imaginaire était représentable dans un espace à quatre dimensions, comme l'était le Réel d'Einstein, mais ces quatre nouvelles dimensions étaient un peu comme un « reflet » du Réel sur un plan d'eau « imaginaire » (le mot « imaginaire devant être pris ici dans son sens mathématique) : l'Imaginaire avait trois axes d'espace « imaginaire » et un axe des temps « réel » (alors que l'espace d'Einstein a trois axes d'espace « réels » et un axe des temps « imaginaire »).

L'Esprit serait donc le « reflet » de la Matière, un peu comme dans un miroir! C'était une « image » un peu poétique, et qui me plaisait assez!

Mais je découvris bientôt que je ne pouvais pas m'en tenir à cette « image », aussi belle qu'elle parût au premier abord.

D'abord, dans cet espace de l'Imaginaire se logeaient des structures précises qui sont la Conscience et la Mémoire... des structures bien spécifiques de l'Esprit, et qui sont absentes dans l'espace du Réel. Mais, beaucoup plus important encore, je découvris que le temps de l'Imaginaire, qui était donc le temps de l'Esprit, était très différent du temps auquel étaient habitués les physiciens, qui n'avaient étudié jusque-là que le temps de la Matière : le temps de l'Esprit, ce temps de l'Imaginaire, paraissait se dérouler « à l'envers », c'est-à-dire du futur vers le passé, contrairement au temps du Réel, qui se déroule comme chacun sait du passé vers le futur. Il y aurait donc dans l'Imaginaire un temps « négatif », un « antitemps ». Cet antitemps serait celui qui gouverne le comportement de notre Esprit.

C'est mon ami John Archibald Wheeler qui a je crois le mieux exprimé ce qui se passerait dans un Monde où le temps « coulerait » à l'envers, du futur vers le passé. Dans son ouvrage

Gravitation, il examine ce qui arriverait à un astronaute qui pénétrerait dans un « trou noir », qui est une étoile « mourante » où, justement, le temps « s'est retourné » :

« L'astronaute, dans son vaisseau spatial propulsé par ses moteurs à réaction, avant son arrivée dans l'espace du " trou noir " (où le temps " se retourne "), avait toujours la possibilité de mettre en marche ses moteurs pour changer son mouvement, se ralentir, et même faire demi-tour. Mais la situation devient très différente dès qu'il a laissé son vaisseau pénétrer *à l'intérieur* du trou noir. Dès lors la décroissance de l'espace, qui l'entraîne vers le centre du trou noir, représente l'écoulement du temps. Aucune commande à bord du vaisseau spatial ne permet de " retourner " le temps. Ce pouvoir invisible de l'Univers, qui entraîne chacun de nous, qu'il le veuille ou non, de ses 20 ans vers ses 40 ans et de ses 40 ans vers ses 80 ans, entraîne aussi la fusée spatiale vers le centre du trou noir, c'est-à-dire vers des distances plus rapprochées de ce centre. Aucun acte de volonté humaine, aucun moteur, aucune fusée, aucune force ne peut arrêter le temps. Aussi sûrement que meurt chaque cellule, aussi sûrement que la montre de notre astronaute égrène continuellement son tic-tac, sans jamais pouvoir arrêter les " minutes inexorables ", aussi sûrement rien ne pourra arrêter le mouvement dans l'espace de la fusée, jusqu'à ce qu'elle atteigne le centre du trou noir. Le temps passe, sur la fusée comme partout dans l'Univers, et dans la fusée comme partout ailleurs on ne peut arrêter le temps de passer. On peut se déplacer dans l'espace, mais non pas dans le temps. »

Après y avoir réfléchi quelque temps, et avoir médité sur ce texte de Wheeler exprimant les conséquences importantes d'un « retournement » du temps, je comprenais que cet « antitemps » traduisait une manière essentielle dont l'Esprit se comportait dans l'Univers. Je savais que tout ce qui se déroulait dans notre Univers était notamment « frappé » par le principe d'entropie : il y avait une sorte de « dégradation » de l'énergie, une partie de l'énergie se dissipait dans des réactions calorifiques, on ne pouvait généralement pas convertir en travail « utile » la totalité de l'énergie mise en jeu dans une réaction : l'exemple habituel est celui d'une machine à vapeur qui, pour fonctionner, va tirer son énergie de la chaleur, qui refroidit pour cela cette vapeur qui est initialement à une température dite « chaude » T1, et ne dispose finalement que d'une température moins chaude T2 (dite température de la source « froide »). On ne saurait construire une machine utilisant intégralement l'énergie disponible dans le refroidissement de la vapeur de T1 à T2. Une partie de l'énergie calorifique est nécessairement perdue.

La Thermodynamique nous indique que cette énergie est perdue dans ce qu'on nomme l'« entropie » du système. L'entropie ne peut faire que croître (ou à la limite demeurer constante), cette augmentation de l'entropie correspondant à ce qu'on ne peut convertir en énergie utilisable. On dit que l'espace du Réel est un espace « entropique », où l'énergie se dégrade (c'est-à-dire « se perd »).

Cette dégradation entropique de l'énergie enfermée dans le Réel m'a toujours beaucoup étonné, car aucun physicien n'accepte facilement qu'il pourrait y avoir une sorte de « fuite » de l'énergie du Réel dans notre Univers. Et, de fait, cette fuite a disparu depuis qu'on sait que, pour représenter complètement les processus qui prennent place dans notre Univers, il fallait admettre que notre Univers se distribuait sur « deux » espaces (et non un seul), le Réel et l'Imaginaire. L'Esprit, qui exerce son action dans l'Imaginaire, évolue selon un « antitemps » (un temps négatif), avec les caractéristiques de comportement sur lesquelles Wheeler insistait ci-dessus. Et, effectivement, on constate à l'examen que l'Esprit évolue dans l'Imaginaire avec un temps *négatif,* l'Imaginaire est un espace « néguentropique » (et donc non « entropique »).

Mais le détail important, qui apparaît alors clairement ici, c'est que dès qu'on tient compte du comportement de l'Esprit, c'est-à-dire que le phénomène étudié se distribue sur *deux* espaces, le Réel et l'Imaginaire, on constate bien que l'énergie « se conserve » dans toute réaction. Fini enfin cette désagréable « fuite » d'énergie à laquelle on devait assister dès qu'on ne tenait pas compte de l'Esprit. L'énergie « se conserve » à l'échelle de l'Univers entier, dès qu'on regarde l'évolution des phénomènes en tenant pleinement compte de l'Esprit.

Une chose essentielle, dont il va maintenant falloir aussi tenir compte, c'est que, comme nous l'avons vu, l'Univers n'est pas rempli de Matière seulement, mais de *Psychomatière.* Chaque structure que nous considérons dans l'Univers est dotée d'un corps de Matière et d'un Esprit. Si nous voulons obtenir une sorte de « bilan » énergétique de l'évolution des structures dans l'Univers il va évidemment falloir tenir compte du fait que c'est non seulement la Matière de cette structure, mais aussi son Esprit, qui intervient. Ou, exprimé d'une autre façon, nous dirons que l'augmentation d'entropie que va traduire le comportement de la Matière seule va être exactement compensée par la diminution d'entropie que va traduire simultanément l'évolution de l'Esprit associé à cette même structure. L'énergie totale enfermée dans l'Univers va demeurer constante – « rien ne se crée, rien ne se perd », comme le remarquait déjà il y a trois siècles le chimiste Lavoisier (avant de « perdre » lui-même sa tête sur les échafauds de la Révolution!).

Cette importante conclusion a été acceptée dès le départ par la Relativité complexe, puisque, comme on s'en souvient, l'un des principes fondamentaux de l'évolution de l'Univers entier est que l'énergie totale de l'Univers est nulle et reste nulle à tout instant. Nous sommes dans un Univers *« du Néant »*.

Cette « nullité » n'est toutefois obtenue que par le fait que l'énergie positive libérée à tout instant dans l'espace entropique du Réel par la Matière est exactement compensée par l'énergie *négative* (à contretemps, ou à temps négatif) libérée à tout instant dans l'espace d'entropie négative (on dit l'espace « néguentropique ») de l'Imaginaire par l'Esprit.

CHAPITRE V

À la recherche de notre Âme

« *Et nunc*... C'est dans l'éternité que, dès à présent, il faut vivre. Et c'est, *dès à présent* qu'il faut vivre dans l'éternité. Que m'importe la vie éternelle, sans la conscience à chaque instant de cette durée... Je suis frappé, chaque fois que je lis l'Évangile, de l'insistance avec laquelle reviennent sans cesse les mots : *Et nunc. Dès à présent.* »

André Gide

Sans doute le problème de l'Âme est-il à la fois l'un des plus anciens, et aussi l'un des plus difficiles qu'il ait été donné à l'Homme de pouvoir examiner. C'est un problème dont, j'en suis sûr, on a débattu autour du feu, au fond des grottes de la Préhistoire. Et dont il nous arrive encore souvent, nous, les humains de cette fin de XXe siècle, de discuter avec passion. A-t-on vraiment une Âme, et dans ce cas comment faut-il la définir? A-t-elle cette qualité fondamentale d'être « immortelle », contrairement à notre corps, qui semble être tellement « éphémère » vis-à-vis des durées que l'on voit exister dans l'Univers, durées qui se chiffrent souvent en milliards d'années? Et que rassemble-t-elle, quels sont les « souvenirs » qu'elle porte et dont nous serions toujours conscients? Car, comme le remarque André Gide dans le texte que j'ai placé en exergue à ce chapitre, « que m'importe la vie éternelle sans la conscience à chaque instant de cette durée »?

Ce problème me paraît de prime abord si difficile que je devrais sans doute être découragé dès le départ de pouvoir répondre au moindre questionnement à son sujet. Mais, en même temps, ce problème est si important pour chaque être de cet Univers que je pense que chacun de nous n'a guère le droit de traverser la Vie qui lui a été octroyée sans regarder « en face » cette grande question de l'Âme. Qui donc a dit : pour certaines questions que nous pose spontanément la Vie, « il n'est pas besoin d'espérer pour entreprendre, ni de réussir pour persévérer »?

Je vais donc m'interroger sur l'Âme. Je vais essayer de le faire en m'aidant des réflexions que j'ai pu amasser dans ma vie de chercheur, notamment en Biologie et en Physique. Et je constate que je suis immédiatement conduit aux questions les plus générales sur les rapports de nous-mêmes avec l'Univers.

Et d'abord, qu'est-ce au juste que l'Univers?

L'UNIVERS, C'EST AVANT TOUT LE NÉANT

Avant de m'avancer plus avant sur ce chemin, où je désire affirmer au départ de mes réflexions que l'Univers est équivalent au Néant, il faudrait que je tente de dire d'une manière aussi précise que possible ce que j'entends par le mot « Néant ».

Par ce mot « Néant » je n'entends nullement le mot « rien ». Je ne prétends même pas que cela pourrait être vrai, ou faux. Je dis simplement que cela serait encore un « postulat », et que je voudrais éviter au départ de ma méditation d'utiliser des arguments qui peuvent être mis en doute, comme c'est le cas d'un postulat. Mais est-ce possible? Peut-on dire, de manière convaincante pour chacun, que notre Univers ne peut être qu'équivalent au Néant, que cela est une simple « définition » de ce que peut être l'Univers?

Je me souviens que je m'étais questionné, il y a une trentaine d'années, sur la définition que j'allais donner au mot « Existence » : qu'appelle-t-on quelque chose « qui existe »? Dira-t-on qu'un « fantôme » peut être un objet « qui existe »? Vais-je dire qu'un rêve « existe », ou en tout cas peut exister?

Attention, la réponse qu'on va donner à de telles questions est loin d'être gratuite, il faut avoir bien conscience que cette réponse va être elle aussi un véritable postulat que je propose d'adopter, mais qui va ensuite conditionner toute ma pensée sur l'Univers. Comment se faire une idée un peu précise sur ce que je vais nommer Âme si j'ai mis à la base de mes réflexions sur l'Âme un postulat comme celui que je proposais jadis pour définir l'Existence : « Exister, c'est être pensé »?

Descartes avait combien raison de commencer ses réflexions sur l'Univers en cherchant à définir ce qu'est exactement cet être « qui pense », et qui au moyen de cette « pensée » va essayer ensuite de s'attaquer aux plus ardus problèmes posés par la Philosophie, notamment par la Métaphysique. Il a alors énoncé, on s'en souvient, son célèbre « Je pense, donc je suis ». Mais on ne doit pas se cacher que même cela, c'est un important « postulat » sur l'Existence. C'est le postulat où je me prends comme « référence » de la définition de l'Existence. Je me pose comme référence pour dire qu'une chose existe ou non dans l'Univers : je prétends que sera déclaré « existant » tout ce qui pourra être pensé.

Cela semble de prime abord acceptable, car ce qui ne peut en aucune manière être pensé, comment affirmer que « cela » pourrait être quelque chose qui fait partie de cet Univers, *notre* Univers? J'avais tellement adopté à l'époque ce postulat « idéaliste » de la valeur de base de la Pensée que, vers 1965, je publiai un livre, *L'Être et le Verbe,* entièrement basé sur cette définition de l'existence : « Exister, c'est être pensé. »

Mais, depuis, j'ai eu des doutes sur la généralité d'un tel postulat; ou, en tout cas, sa généralité pour décrire l'Univers « entier ». Ne pourrait-il pas « exister » dans l'Univers des choses qui, tout en étant sans nul doute une partie de notre Univers, ne sont toutefois pas accessibles à notre pensée... en tout cas à la Pensée humaine, qui est la seule que je connaisse (sans doute malheureusement, mais c'est ainsi, c'est une « limitation » que je dois accepter)?

On peut très bien cependant « représenter » une chose dont on ne peut guère douter qu'elle fasse partie de notre Univers, et qui n'est pourtant pas accessible par la pensée. Je venais précisément de montrer, avec ma Relativité complexe, que l'Univers devait être représenté comme deux espaces (et non un seul), un espace où prenaient place les choses « observables » (que je nommais l'espace du Réel) et un espace où venaient se situer les choses non directement « observables », comme l'Esprit par exemple. Qui douterait cependant que l'Esprit est bien une partie de notre Univers? Et, comme tel, cet Esprit devrait pouvoir être représenté à l'aide de symboles convenablement choisis dans une « carte » de l'Univers? Je nommais ce nouvel espace dans lequel je voulais représenter le « non-observable, l'Imaginaire ». Est-ce dans cet « Imaginaire » que j'allais pouvoir trouver une « petite place » pour en savoir un peu plus sur l'Âme? Je savais en tout cas qu'une représentation un peu plus « complète » de notre Univers allait faire appel à deux espaces : le Réel et l'Imaginaire.

Intuitivement, je me rendis immédiatement compte que j'ouvrais ainsi ma Pensée à un nouveau champ de Connaissance, et que si je parvenais à « symboliser » correctement la représentation de cet « invisible », j'allais ouvrir une porte sur un véritable monde nouveau, le monde de l'Imaginaire.

Je ne tardai pas à constater que ces deux « mondes » du Réel et de l'Imaginaire étaient en « interaction » étroite, et que notre Connaissance allait dorénavant se construire sur les deux représentations du Réel et de l'Imaginaire. Plus précisément, il n'allait plus être possible de décrire l'Univers comme formé de l'un *sans* l'autre.

Évidemment, ce qui vint immédiatement « interférer » avec la représentation ancienne de l'Univers, ce fut précisément l'Esprit. Le langage ancien de la Connaissance supposait que l'Univers « entier » pouvait être représenté dans l'espace du Réel (le langage de la Matière); le nouveau langage ne disait pas naturellement que le Réel ne faisait plus partie de la représentation qu'on se proposait de donner de l'Univers, mais ce nouveau langage supposait que l'Univers comportait une autre partie, l'espace imaginaire, et que ce qui se déroulait dans cet espace nouveau donnait une autre « dimension » à tout ce qui se passait dans l'Univers : en d'autres mots, nous allions être obligés de « changer de langage », ne plus se contenter du langage de la Matière *seule*, mais d'utiliser le langage « de la Matière et de l'Esprit ».

Et un examen un peu approfondi de l'Univers dans ce nouveau langage faisait immédiatement apparaître un aspect « révolutionnaire » : tout ce qui se situait dans l'Univers était non plus constitué de Matière seule (ou même principalement de Matière), mais de Matière *et* d'Esprit. Les êtres qui emplissaient notre Univers, qu'ils soient simples « cailloux » ou l'Humain le plus « intelligent », étaient tous constitués de *Psychomatière,* c'est-à-dire d'une association étroite et indissociable de Matière et d'Esprit.

Dans quelle mesure cela allait entièrement modifier notre représentation de l'Univers, et plus spécialement notre « philosophie » de l'Univers? Il est trop tôt pour pouvoir apercevoir les changements d'optique que cette nouvelle Connaissance implique. Il faut, chacun de nous, prendre d'abord pleinement conscience du fait que nous vivons dans un Univers qu'on n'avait encore aperçu que très incomplètement.

L'aspect qui est sans doute le plus nouveau est que nous vivons dans un Univers où l'INITIATIVE n'est pas le privilège des « seuls » Humains, ni même des seuls à qui on donnait jadis le nom de « Vivants ». Nous vivons dans un Univers de « psychomatière », c'est-à-dire d'êtres porteurs non seulement de Matière mais encore d'Esprit. Teilhard de Chardin avait d'une certaine façon raison quand il nous disait que tout ce qui constitue notre Univers a non seulement un « dehors », mais aussi un « dedans »; et qu'il allait maintenant falloir tenir compte de ce « dedans » dans notre Connaissance de l'Univers. Car ce « dedans » faisait que nous ne pouvions plus considérer notre Univers comme une sorte d'« horloge » fonctionnant suivant des « lois » rigoureuses, en donnant peu de liberté à l'initiative individuelle. L'Esprit est à part entière dans tout notre Univers. Certes, la « mémoire » qui vient étayer cet Esprit est variable d'un être à l'autre, le minéral possède une mémoire beaucoup plus petite que le végétal ou l'animal, et *a fortiori* que l'Humain. Mais cette mémoire n'est jamais rigoureusement nulle, nous vivons donc dans un Univers où la généralité est « l'initiative » de chacun... y compris les étoiles et les rochers qui peuplent le cosmos.

Et nous sentons maintenant, même avant d'aller plus loin, que cela va avoir une grande importance pour notre recherche sur l'Âme...!

NE PAS CONFONDRE LE COMPLÉMENTAIRE AVEC LE CONTRAIRE

Je voudrais ici faire une distinction fondamentale entre le contraire et le complémentaire.

On va comprendre dans un instant pourquoi j'attache tellement d'importance à cette distinction.

Je vais me servir pour cela d'un symbolisme qui fait intervenir ce qu'on nomme en mathématique la théorie des ensembles; mais, que mon lecteur ou ma lectrice se rassure tout de suite, si je procède ainsi c'est parce que je crois sincèrement que tel est le meilleur moyen d'être *clair*, et chacun constatera que cela ne fait nullement appel à des notions « mathématiques » où il faudrait se « casser la tête ». Quand on veut parler de l'Univers *entier*, quoi de plus naturel que de s'exprimer dans le langage de la *théorie des ensembles?*

Revenons sur ce que je disais au début de ce chapitre : l'Univers doit être considéré comme « se suffisant à lui-même », en ce sens que son existence ne doit pas être tributaire « d'autre chose ». Cela ne peut se traduire qu'en disant que l'Univers est identique à tout instant au Néant (comme d'ailleurs la pensée humaine, notamment la pensée religieuse, l'a proposé « de toute éternité », voir par exemple la Bible).

Je vais donc écrire :

(a) Univers ≡ Néant

le symbole ≡ devant se lire « équivalent à ». Cela ne doit pourtant pas être pris dans le sens de l'arithmétique ordinaire, notamment « équivalent à » n'a pas la même signification que « égal à ». Je considère la relation (a) comme la relation fondamentale qui va venir étayer toutes mes réflexions, et je vais « chercher » quelles sont les « écritures » plus « mathématiques » que cette relation fondamentale (a) permet d'exprimer... avec l'espoir qu'elle me « dévoilera » certains aspects concernant la nature de l'« Âme », qui est, je le rappelle, « notre » problème.

C'est ici qu'il faut faire très attention, afin de ne pas « mélanger » les complémentaires avec les contraires.

On peut d'abord distinguer les contraires des complémentaires d'une manière purement « intuitive » : les contraires et les complémentaires ont en commun qu'ils peuvent, par leur « union », être équivalents à « rien ». Mais le rien des contraires est le fruit d'une sorte de « contradiction », en unissant A à son contraire on n'a plus rien, ou on a « zéro », on pourrait dire « par définition de zéro », ou par définition de ce qu'est le contraire de A. À la différence, l'union de A avec son complémentaire (qu'on écrit non-A) donne une « totalité », une « harmonisation » : il manquait à A son complémentaire non-A, maintenant on a le Tout, il ne manque plus rien, on est arrivé à une totalité « harmonieuse ».

Ce qui va compléter cette définition du complémentaire, et qui risque de provoquer une confusion avec le contraire, c'est qu'on va ajouter, quand le Tout est l'Univers lui-même, que l'Univers est équivalent au Néant. Donc l'union de A et de son complémentaire non-A représente le Tout, c'est-à-dire l'Univers : mais l'Univers est le Néant, donc est aussi représentable par le « zéro ». C'est pourquoi il va falloir prendre soin d'éviter toute confusion, le Ø exprime à la fois l'absence de tout et la totalité, si cette totalité est équivalente au Néant. On pourra chercher à éviter le risque de confusion en ajoutant quelque chose de plus « profond » que traduit le contraire ou le complémentaire. Je vais ajouter, comme je l'ai déjà souligné : l'union de deux contraires traduit une *contradiction* essentielle, tandis que l'union de deux complémentaires traduit une *harmonisation* essentielle.

Ce qui « forme » notre Univers peut se diviser habituellement en deux aspects de nature fondamentalement distincts, un peu à la manière dont une pièce de monnaie se divise en un côté « pile » et un autre côté « face », je les nommerai deux *complémentaires*. Autrement dit, je crois que l'Univers, à cause de la relation (a), n'est pas seulement important par son « unité » (qui se symbolise par le chiffre 1) mais aussi par une « dualité » essentielle (qui se symbolise naturellement par le chiffre 2).

Ce serait probablement ici le lieu de citer la célèbre parole de Lao-Tseu dans le *Tao-tê ching* (plusieurs millénaires avant J.-C.) :

L'un est devenu deux,
et de là toute la suite des êtres.
Antagonisme complémentaire
du Yin et du Yang,
s'harmonisant dans l'espace total.

L'univers entier est donc symbolisé par 2, et non par 1. L'Univers est fait de « complémentaires », et c'est pourquoi il est en fait équivalent au Néant. De telle sorte que les plus difficiles problèmes que nous nous posons concernant l'Univers *entier* vont pouvoir être aidés dans leur résolution par la relation (a), l'Univers est équivalent au Néant.

Mais il va falloir s'assurer qu'on dispose de Symboles représentant « vraiment » l'Univers entier. Et surtout, que ces Symboles ne désignent pas uniquement des choses « contraires ». L'Univers est constitué de parties fondamentales complémentaires, et c'est pourquoi l'Univers, lorsqu'il est représenté par ses parties « complémentaires » mises côte à côte, est équivalent au Néant.

Comment va-t-on s'assurer que, à chaque fois, on a partagé l'Univers en parties « complémentaires »? En particulier, comment va-t-on éviter le risque de confondre les « complémentaires » avec les « contraires »? L'histoire du développement de la Connaissance nous a montré que c'était un risque très réel : qu'on se souvienne de l'Arbre de la Connaissance du Bien et du

Mal, ces attributs du Bien et du Mal devaient tellement être évités que Dieu avait interdit à Adam et Ève de goûter à ces fruits. Ces fruits risquaient d'être pris pour des contraires, alors que c'étaient de simples complémentaires!

Si nous considérons un être A, le « contraire » de A se symbolise « $\not{A}$ », et se lit « contraire de A ».

Nous écrirons pour définir ces « contraires » A et $\not{A}$:

$$A \cup \not{A} = \emptyset$$

qui se lit « A union $\not{A}$ est équivalent à zéro ». Nous avons affaire ici à une relation arithmétique, qui ne concerne pas directement l'Univers « entier ». $\not{A}$ signifie, encore une fois, simplement le contraire de A, il n'y a ici aucune référence à la « totalité » de l'Univers, donc aucune référence au Néant, il y a simplement référence au symbole « zéro », qui est défini précisément comme l'addition à un élément A de son contraire $\not{A}$.

Nous allons, par opposition, définir les « complémentaires » de la manière suivante :

$$A \cup \text{non-A} \equiv \text{Univers} = \text{Néant}$$

et ici « non-A » est le « complémentaire » de A. Non-A exprime *tout* l'Univers *sauf* A.

La relation précédente se lit :

« A union non-A est équivalent à tout l'Univers, donc au Néant », puisque tout l'Univers est équivalent au Néant.

Je demande à mon lecteur de bien comprendre ce symbolisme simple; car, si je reconnais volontiers son caractère « simple », cela ne veut pas dire que ce symbolisme soit « simpliste », c'est avec un tel symbolisme simple que nous allons chercher à nous exprimer pour parler de l'Âme.

Pourrions-nous d'abord fournir un ou deux exemples qui nous montreraient comment nous allons utiliser d'une manière « efficace » cette notion de « complémentaires », en la distinguant bien des « contraires »?

1. *Énergie de l'Univers*

Nous allons dire que l'énergie de l'Univers entier est à chaque instant équivalente au Néant, donc est à chaque instant arithmétiquement nulle.

(1) Énergie totale de l'Univers entier ≡ Néant = Ø.

Si elle n'était pas nulle, d'ailleurs, « d'où serait venue » cette énergie? Il faudrait faire intervenir une sorte de « prestidigitateur », par exemple le bon Dieu.

J'ai un Amour immense pour ce bon Dieu, croyez-moi : mais je ne veux supposer à son sujet que ce que je crois qu'il est, et non pas des « postulats » préalables que j'aurais acceptés. Je crois que Dieu est « le créateur de l'Univers », c'est-à-dire le créateur du Néant. Mais je ne sais pas « autre chose ». Dire de Dieu tout autre chose, lui « postuler » d'autres caractéristiques, serait ne plus le considérer comme un être transcendant. Ce serait vouloir « le rabaisser », ne pas l'accepter comme ce qu'il est.

Je vais me servir de cette relation importante (1) pour représenter ensuite notre Univers : je dirai que notre Univers, avec toute l'énergie qu'il représente, est cependant à chaque instant équivalent au Néant, quand je considère l'Univers « total ». Cela va me contraindre à écrire dans cette représentation de l'Univers (en fait dans ma Relativité complexe) qu'il doit y avoir « quelque part », à chaque instant, une énergie *négative,* qui vient contrebalancer l'immense énergie positive matérielle qu'on constate dans l'Univers. Cette énergie négative invisible, mais qui joue cependant un grand rôle dans le « fonctionnement » de l'Univers, n'est pas précisément l'énergie de l'Esprit, l'Esprit est d'une autre « nature ». L'Esprit ne peut pas être évalué en terme d'énergie. L'énergie négative emplit au contraire l'espace « vide ». Et c'est de l'antimatière. Nous y reviendrons.

2. *Charge électrique totale de l'Univers entier*

Dans l'Univers il existe des charges électriques des deux signes, « plus » et « moins ». Ce sont des « complémentaires ». Ils se répartissent dans l'Univers entier. Mais je sais que cette répartition de charges conduit finalement au Néant. Ce qui signifie que, dans notre Univers, il y a autant d'électricité positive que d'électricité négative, autant de charges « plus » que de charges « moins ». Cela va donc constituer une relation importante de ma représentation de l'Univers : il est à chaque instant « électriquement neutre ». Je vais écrire :

(2) Une charge électrique quelconque + ou – ∪ toutes les autres charges électriques ≡ Univers ≡ Néant = Ø.

Cette relation concerne maintenant la Physique cosmologique : elle me dit en effet qu'il n'est pas possible *d'enlever* à l'Univers où nous demeurons la moindre charge électrique quelle qu'elle soit, et quel que soit en particulier son signe + ou –. Car, si je le fais, je n'obtiens plus « mon » Univers, il n'est plus « le Néant », ce que m'exprime sans ambiguïté la relation (2) ci-dessus.

MOI ET « LES AUTRES »

Je voudrais maintenant examiner soigneusement si les réflexions précédentes nous apportent certains éclaircissements sur le difficile problème de l'Âme.

Je vais essayer d'appliquer à la définition de l'Âme la relation qui veut considérer chaque Âme comme caractéristique d'un Moi. Plus précisément, je considère chaque Moi de l'Univers comme un des deux « complémentaires » qui partagent « tout » l'Univers en deux, l'autre complémentaire étant « les autres », c'est-à-dire l'union des Moi de tous « les autres »... et je dis que ces deux parties « complémentaires » représentent par leur union l'Univers entier... c'est-à-dire aussi le Néant, la « création » de Dieu :

(3) Moi ∪ Les autres ≡ Univers ≡ Néant

Je vais traiter cette relation, qui concerne les Moi de l'Univers entier comme j'ai traité les relations (1) et (2) ci-dessus. Je vais dire que cette relation est vérifiée si les deux complémentaires y figurent et y sont unis... et seulement dans ce cas d'ailleurs.

J'avais agi de même dans les deux cas considérés plus haut : par exemple, je sais que je ne peux pas retirer « une seule » charge électrique à l'Univers... car si je le fais je ne suis plus dans mon Univers-Néant. De même, je ne peux pas supprimer mon Moi de l'Univers, car si je le fais mon Univers n'est plus le « Néant ». Par conséquent *mon Moi est un objet « éternel » de cet Univers, il a toujours été là et il sera toujours là.*

C'est une réponse importante. Elle ne répond

pas, naturellement, à *toutes* les questions que nous pouvons nous poser sur le Moi. Mais c'est un premier pas pour essayer de « comprendre » le côté spirituel de notre Univers. Un premier pas qui, je l'espère, sera avec le temps suivi de beaucoup d'autres.

Pour définir l'Âme de chacun il me manque encore certains « aspects » du Moi que je voudrais approcher. Je voudrais savoir surtout si ce Moi ne peut pas subir certaines « transformations », et alors lesquelles.

LES « TRANSFORMATIONS » DU MOI

Tout d'abord, je vais rappeler que le Moi est toujours constitué de *Psychomatière,* à tous les instants de l'Univers, y compris après ce que nous appelons « notre Mort », comme avant notre Naissance. Ce Moi est à tout instant de l'Univers une association indissociable d'Esprit et de Matière.

Mais cela ne signifie pas que ce « Moi » ne peut pas subir, notamment au moment de la Mort, ou de la Naissance, certaines « transformations ». Nous devons nous préparer à de telles transformations, car nous ne sommes nullement dans un Univers « statique », tout se modifie dans l'Univers, comme le remarquait Tennyson dans un très beau vers d'Enoch Arden :

> « Alors vint un changement,
> comme change toute chose. »

Nous sommes d'ailleurs les témoins d'au moins une partie de ces transformations : aussi bien quand un être naît que quand un être meurt, certaines « liaisons » se créent, d'autres se brisent, entre les particules de Psychomatière qui constituent ce Moi.

Mais je voudrais essayer d'éviter un trop grand *anthropocentrisme,* quand je tente de parler d'un sujet aussi ardu que celui de l'Âme.

Par exemple, que de fois j'ai vu des hommes « sérieux » qui se demandaient, comme si c'était une question prioritaire, si la « transformation » qui accompagne la Mort pouvait cependant nous permettre de conserver « les souvenirs de notre vie vécue ». Il faut commencer par se demander si une telle question a une réelle importance *pour l'évolution* de l'Univers *entier.* Il me paraît évident qu'il faut ici répondre par une ferme négative. La Vie a choisi que l'évolution, pour aller toujours de l'avant, ne devait pas avoir une « trop longue » durée de vie individuelle. Et elle applique ce choix dans tous les règnes du Vivant, les Humains comme les animaux ou les végétaux, et même les cailloux et les étoiles. Elle a permis à chaque être Vivant d'« évoluer » y compris la possibilité de se « transformer » radicalement. De même qu'il ne faut pas laisser *son* automobile « durer » trop longtemps, le « progrès » consiste à ne pas garder trop longtemps des « souvenirs » et à opérer une « transformation » salutaire! La Vie ne fait souvent que prendre exemple sur notre propre comportement... et nous devrions dire plus justement que notre comportement prend modèle sur la Vie.

Il serait préjudiciable à la Vie que nos structures vivantes, tant corporelles que spirituelles, « durent » trop longtemps... ce serait évidemment contraire à *l'évolution*. Certes, il faut que la Vie garde quelque part le moyen de produire de nouvelles « naissances », comme un ingénieur garde quelque part « dans sa tête » la technique pour construire des moyens de construction.

Mais il ne faut pas pousser cela trop loin : pourquoi l'évolution, par exemple, conserverait-elle après notre Mort les souvenirs d'une petite amourette de notre jeunesse, ou une dispute avec notre voisin, ou même les détails sordides d'une guerre avec une nation de cette Terre? Autant je suis convaincu qu'est *conservé* quelque part tout ce qui peut être utile à la préservation et à la continuation de la Vie dans l'Univers, autant je suis à peu près certain que la Vie (qui nous a démontré sans cesse son immense sagesse) ne s'embarrasse pas à conserver des « souvenirs » de ce qui n'est pas directement utile à la « perpétuation » de la Vie. Seule une vision purement *anthropomorphique* de ce qu'est notre Univers *entier* peut nous conduire à des « conclusions » aussi erronées!

Quelles sont donc les « transformations » qui touchent directement notre Moi, et qui accompagnent la naissance ou la mort d'un être vivant? À vrai dire, je n'en sais rien, mais cela me semble un problème important que la Science des décennies prochaines devra étudier avec grand soin. Ce que nous avons appris, de la recherche que nous avons conduite, c'est qu'il y a « conservation » du Moi de chaque particule de Psychomatière : cette structure de Psychomatière ne disparaît pas, et donc se conserve comme une association indissociable de Matière et d'Esprit. Mais il est probable que « les liaisons » qui s'étaient établies dans un être vivant « se transforment » continuellement, notamment au moment de la Naissance ou de la Mort. Finalement « c'est ça » l'évolution.

Ce qui me semble le plus probable, c'est que ces « transformations » doivent amener progressivement l'être vivant vers un nouvel « état », qui le conduise à « s'associer » toujours plus à l'Univers « entier », à devenir toujours plus l'Univers total. Cela doit sans doute prendre du temps, et sans doute un règne vivant quelconque « se reproduit » plusieurs fois selon une structure à peu près identique, remplissant toujours davantage les positions laissées libres dans la structure de la mémoire.

Nous avons commencé à étudier cette mémoire dans ma Relativité complexe, et j'ai conclu, avec Pierre Teilhard de Chardin, que la structure mémorielle franchissait différents « seuils » : quand une structure mémorielle se trouve « saturée », parce qu'on a utilisé toutes les positions de mémoire disponibles sur ce niveau, on franchit un « seuil », et l'on « monte » à la mémoire correspondant au règne vivant supérieur. C'est ainsi que l'on passe, au cours de l'évolution, du minéral au végétal, du végétal à l'animal, de l'animal à l'humain, de l'humain à l'ultrahumain, et sans doute encore plus haut, jusqu'au créateur de l'Univers lui-même.

Du Néant à l'Infini... mais, ne l'oublions jamais, il y a une sorte d'« équivalence » entre ces deux extrêmes. Le Néant et l'Infini ne sont nullement des « contraires », mais des « complémentaires »...

Ce qui me semble une très mauvaise voie de recherche, c'est celle qui conclut que nous pourrions « revenir », après notre Mort corporelle, comme Vivant dans « le même » corps et le même Esprit; pour en somme continuer à « vivre » une sorte de prolongement de la vie déjà vécue. C'est là une notion typiquement anthropocentriste, et qu'il faut écarter. Il est visible que des conceptions comme celles que semble vouloir défendre la « réincarnation » ne sont faites que pour flatter notre « petit Moi », et sont incompatibles avec notre grand Univers. Si le Vivant croyait qu'une Vie doive durer plus longtemps, il l'aurait attribuée ainsi à l'espèce vivante considérée dès la « création » de l'Univers.

Évoluer c'est « se transformer », c'est devenir « autre », ce n'est sûrement pas demeurer identique.

CHAPITRE VI

La représentation de l'Univers

> « L'Univers ne peut pas être équivalent à autre chose qu'au Néant. Je voudrais bien qu'il soit plus que ça, j'ai même parfois trouvé des aspects qui le font ressembler à l'Infini. Mais, à la réflexion, je suis obligé de conclure à un Univers-Néant. »
>
> Jean E. Charon

En tentant de dégager l'idée que se sont faite les hommes, et surtout les physiciens, de la façon dont on pouvait représenter la Matière depuis le début de notre siècle, nous verrons comment a émergé aujourd'hui la notion d'Esprit, à côté de celle de Matière.

Pour cela, il me faut rappeler les points essentiels de ma réflexion sur l'Esprit et la Matière.

Nous terminerons en essayant de mettre en avant trois conclusions :

1) L'Esprit, quelle que soit son importance, ne peut être compté dans le « bilan » de l'énergie contenue dans tout l'Univers, car cet Esprit n'est pas *de même « nature »* que la Matière.

2) *Tout* l'Univers, même les objets dits « inanimés », est doué de « mémoire », et cette mémoire évolue et « progresse » en même temps que le Vivant. Tout l'Univers est donc « vivant », y compris les « êtres » que l'on considère comme constitués de Matière « inerte ». La

véritable Matière inerte n'existe pas dans notre Univers.

3) L'énergie *se partage* dans l'Univers en énergie « positive » et énergie « négative ». Le « bilan » représentant l'énergie totale de l'Univers est « nul », ce qui signifie que l'énergie positive compense exactement l'énergie négative, ou encore que nous sommes tous dans un Univers-Néant.

UN UNIVERS « CORPUSCULAIRE »

Au tournant du siècle, au moment de la découverte de la Relativité d'Einstein, on sait déjà qu'il existe dans l'Univers non seulement de la Matière, mais aussi du rayonnement, dont l'Anglais James Clerk Maxwell vient de fournir les équations de représentation. Ce rayonnement ressemble beaucoup à une onde, dont la principale caractéristique est cependant sa « vitesse relative » de propagation, qui est toujours constante quelle que soit la source originelle. Curieux! Ceci enlève à la notion d'onde une certaine « réalité », et c'est sans doute la raison essentielle qui conduit les physiciens à postuler que, au moins en première approximation, l'Univers n'est rien d'autre que de l'espace de densité variable, parfois de grande densité, là où se localise la Matière, parfois de densité extrêmement ténue, par exemple là où se localise le rayonnement. C'est l'idée d'Einstein et de sa Relativité, et cet espace « matériel-immatériel » emplit pratiquement la totalité de notre Univers, en fait IL EST notre Univers, un Univers « vide d'espace » est inexistant, précise Einstein.

Cet espace de l'Univers apparaît cependant pratiquement comme presque totalement vide, sans doute « trop » vide pour notre goût, au moins au départ. Qu'on en juge!

Les étoiles se groupent dans des « galaxies » formées de milliards d'étoiles, mais ces étoiles sont éloignées les unes des autres par des distances énormes (au moins cent fois le rayon de l'étoile); et les galaxies sont aussi séparées par un vide énorme (au moins cent fois la distance entre galaxies). On peut dire, sans risque d'exagérer, que la première caractéristique de notre Univers est sa profonde « vacuité »! Il suffit de regarder la physionomie de notre Univers par une belle nuit d'été pour s'en convaincre!

Cette vacuité se poursuit d'ailleurs quand on examine d'un peu près cette Matière qui est censée « remplir les vides ». Cette Matière est faite de nucléons, mais ils sont si petits qu'il en faudra plus d'un million de milliards de milliards pour constituer un de nos centimètres. Certes, autour de ces « noyaux » de Matière tournent quelques dizaines de nos minuscules électrons, mais entre le noyau de nucléons et les « orbites » des électrons il y a un « vide » de plus d'un milliard de fois le diamètre d'un de ces électrons. Changeons un instant l'échelle des dimensions, pour tenter de le faire sentir : si un de ces électrons possédait les dimensions d'un ballon, dix centimètres par exemple, le noyau de l'atome autour duquel tourne cet électron serait à plus de cent kilomètres; et entre tout cela il n'y a rien, c'est le vide!

UN UNIVERS « PARADOXAL »

Les scientifiques se rendent bientôt compte que la qualité de corpuscule est insuffisante pour représenter *complètement* la Matière : ce corpuscule possède notamment aussi un caractère ondulatoire. Mais n'est-ce pas un peu « paradoxal » de conférer simultanément à un même objet deux aspects apparemment contradictoires, corpuscule et onde, donc discontinu et continu?

Les physiciens constatent alors que ceci est « général », la Raison prête volontiers aux choses des aspects contradictoires, le « paradoxal » est l'un des moyens utilisés par la Raison pour préciser les objets qu'elle désire définir. Mais cette méthode nous contraint souvent à renouveler la signification de nos concepts fondamentaux utilisés par le langage, par le Verbe.

C'est ainsi que va s'introduire en Science le probabilisme. L'onde associée au corpuscule de Matière n'est pas une onde « objective », c'est une onde utilisée par l'observateur pour définir la « probabilité » qu'a cet observateur de localiser à un instant donné le corpuscule ici ou là. Cela dépend de la vitesse relative du corpuscule par rapport à cet observateur. Cette onde n'est pas une onde ordinaire, c'est une onde de phase, se propageant d'ailleurs à vitesse infinie autour du corpuscule, et dont le carré de l'amplitude nous renseigne sur la position actuelle de ce corpuscule.

Cet aspect « paradoxal » est finalement propre à toute connaissance qui va de l'avant. Ainsi, on a dit que le corpuscule était « ponctuel » dans le Réel, c'est-à-dire représenté à chaque instant comme deux droites sans épaisseur qui se coupent, donc de volume « nul ». Mais l'approfondissement de ces notions montre qu'un corpuscule ne peut jamais avoir un volume plus petit qu'un certain volume « élémentaire », qui dépend d'une constante absolue, *lo,* la longueur élémentaire. Comment un corpuscule de Matière peut-il avoir à la fois un volume nul et un volume fini et non nul? Paradoxe.

Comment ce corpuscule de Matière peut-il avoir une vitesse relative qui n'excède jamais la valeur *c* (vitesse de la lumière), quelle que soit la vitesse propre de la source? Paradoxe encore.

Ce qui devient de plus en plus clair, c'est que les choses de l'Univers ne « sont » pas de façon « absolue », mais sont seulement faites de ce que le langage les fait, ici et maintenant. Au fur et à mesure qu'avance la Connaissance, nous devons modifier la signification de notre Verbe, et ne pas craindre que ce changement de signification nous contraigne parfois au « paradoxe ». Le paradoxe n'est que le signe du progrès de notre Connaissance.

UN UNIVERS À DIMENSIONS « CACHÉES »

L'accumulation de ces paradoxes donne aux physiciens une autre idée, qui est la « reprise » d'une tentative proposée par le chercheur russe Kaluza vers 1920 : puisque les quatre dimensions espace-temps semblent être un cadre « insuffisant » pour représenter tout l'Univers, pourquoi n'essayerions-nous pas d'introduire un cadre de référence « plus grand » pour représenter tout l'Univers et ses interactions, par exemple une cinquième dimension? Et les physiciens n'hésitent pas à parler de dimensions « supplémentaires ».

Pourquoi s'arrêter à cinq d'ailleurs? Le prix

Nobel pakistanais Abdus Salam, vers 1975, propose une théorie à dix dimensions (la Supergravité), qu'il continue de baptiser « théorie d'unification », alors que la gravitation, qui est sans doute l'interaction la plus répandue de l'Univers, n'y est encore pas incluse! Vers la même époque, le physicien américain John Schwarz de l'université de Berkeley, en Californie, propose une nouvelle théorie (qu'il nomme la « théorie des cordes »), qui, elle, a onze dimensions, c'est-à-dire sept de plus que les quatre dimensions d'espace-temps qu'avait proposées Albert Einstein dans sa Relativité générale! Où nous arrêterons-nous? Certains chercheurs commencent à parler de théories à un nombre « infini » de dimensions!

Mais où sont donc, dans la pratique, ces dimensions supplémentaires, que nul n'est capable d'apercevoir directement? Les physiciens (qui ont une réponse à « tout ») déclarent tranquillement que ces dimensions supplémentaires sont « cachées », elles ne donnent qu'une sorte de peau à notre Univers, mais cette peau est si fine qu'on ne peut pas l'apercevoir, même avec les plus puissants instruments de mesure, comme les grands accélérateurs de plusieurs centaines de Bev. En somme, la Matière se cache, on peut en parler, mais elle est inobservable! Alors, comment a-t-on eu l'audace de soutenir, pendant au moins tout le siècle dernier (et jusqu'à maintenant) que la Science ne saurait progresser qu'en construisant la Connaissance sur l'« observable »? Plus on veut associer la Science à l'observable, plus ce que l'on croyait voir tend à disparaître! De telle sorte que nous ne sommes pas loin de faire nôtre la célèbre remarque que faisait saint Augustin, il y a quelques siècles, à propos du *temps :* « Si personne ne me demande ce que c'est, je le sais; si je veux simplement l'expliquer à ceux qui me le demandent, je ne sais plus. »

En résumé, nous devons dès maintenant souligner les points suivants :

a) Le caractère *ad hoc* de telles théories de représentation de l'Univers. On « invente » un espace avec des caractéristiques qui nous permettent de mettre en évidence les propriétés... qu'on cherche à démontrer! Mais n'est-ce pas alors un espace « taillé sur mesure », alors que cet espace devrait simplement être « ce qu'il est »?

b) De plus, ces théories ne parviennent pas encore à « unifier » l'ensemble des quatre interactions purement physiques de l'Univers, ce qui est pourtant ce que cherche à réaliser (et depuis Einstein) toute la Physique actuelle.

c) Quant à l'esprit, il est toujours entièrement absent de telles représentations, alors que ceci est depuis toujours le problème numéro 1 de la Connaissance.

L'UNIVERS POSSÈDE NON SEULEMENT UN RÉEL, MAIS AUSSI UN IMAGINAIRE

Pour la première fois, en 1987, apparaît une véritable théorie d'unification, dont la gravitation n'est pas exclue. Et pour la première fois aussi, on va enfin disposer d'une représentation de l'Esprit. C'est la Relativité complexe, sur laquelle je travaille personnellement. Encore beaucoup de progrès restent à faire, mais on peut dire dès maintenant que les grandes lignes de la recherche sont déjà là.

Les quatre dimensions observables sont toujours faites de l'espace-temps d'Einstein, et toutes les « lois » concernant la Matière seule sont pratiquement inchangées; mais cette Matière « se prolonge » dans quatre autres dimensions « virtuelles », qui portent l'Esprit du corpuscule de Matière, ou plutôt sa Mémoire et sa Conscience. Ce nouvel espace-temps, qui côtoie partout le Réel observable d'antan, est nommé l'*Imaginaire,* et il est inobservable directement. Dans cet Imaginaire viennent se loger les « structures » de la mémoire et de la conscience, composées essentiellement de neutrinos ayant des mouvements « quantifiés » l'un autour de l'autre.

Ces neutrinos en mouvement forment la base du probabilisme, et plus généralement de l'aspect ondulatoire de chaque corpuscule. Cet aspect aide à comprendre comment chaque corpuscule est à la fois le Un, et cependant le Tout s'il est considéré comme « au repos » par rapport à l'observateur dans l'Univers entier.

On constate que les quatre types d'interaction (électromagnétique, faible, forte et gravitationnelle) sont en fait contenues dans ce cadre de référence Réel-Imaginaire. On obtient dans ce cadre l'écriture complète d'équations « unitaires » fournissant la représentation de l'Univers « physique ». Mais, comme je l'ai déjà remarqué, les neutrinos présents dans la partie Imaginaire de l'espace permettent de mettre en évidence les activités de l'Esprit, à savoir la Mémoire et la Conscience. Je suis obligé de renvoyer, pour plus de détails scientifiques, aux livres que j'ai déjà publiés à ce sujet, en français et en anglais.

Une étude plus attentive permet de voir que les deux moyens de communication des êtres vivants, soit entre eux soit avec l'Univers entier, que sont l'Intuition et la Raison, sont obtenus à partir des neutrinos en mouvement quantifié dans l'Imaginaire, compte tenu des « conditions initiales » que prélève l'onde de phase associée au corpuscule dans l'espace Réel (onde *psi*).

On va représenter maintenant, dans ce nouvel espace Imaginaire, les caractéristiques fondamentales de l'Esprit, ou plus exactement les caractéristiques de la Psychomatière (Matière et Esprit). Autrement dit, la Matière aura ses attributs « matériels » (que la Physique a étudiés depuis plusieurs siècles déjà), et ses attributs « spirituels », comme la mémoire ou la conscience, dont la Science disait jusqu'ici peu de choses.

La conclusion est celle-ci : l'Univers est « fait » non seulement de Matière, mais de Matière *et* d'Esprit, et on s'apprête à représenter maintenant l'ensemble de cette Psychomatière dans un langage approprié.

LES VÉRIFICATIONS DE LA THÉORIE DE LA PSYCHOMATIÈRE

Bien entendu, mon premier travail a été d'essayer de montrer que cette théorie de la Psychomatière (ambitionnant de représenter l'entité indissociable de Matière et d'Esprit) était bien une théorie « d'unification », c'est-à-dire qu'elle unissait d'abord les quatre interactions *physiques*. Ensuite, si cela s'avère possible, je montrerai que l'unification des interactions physiques entraîne aussi l'unification « spirituelle », c'est-à-dire la mémoire et la conscience.

En fait, et comme je l'ai déjà noté, les vérifications concernant les interactions purement « physiques » avaient été automatiquement déjà réalisées par la description du Réel dans la Relativité complexe, qui fournissait les quatre interactions de la Relativité générale d'Einstein; mais on ajoutait maintenant à cette représentation du Réel tout ce qu'on trouvait dans l'Imaginaire, et c'est en fait cette « addition » qui créait l'unification recherchée. On reprenait d'abord, en le précisant, tout ce qui avait été fait sur le probabilisme au début du siècle. On arrivait notamment à ce résultat un peu paradoxal : si on veut localiser un corpuscule « immobile », nous constatons que la probabilité d'une telle « localisation corpusculaire » est si faible qu'on est contraint de dire que le Un se localise dans « tout » l'Univers, autrement dit que le Un coïncide avec le Tout.

Mais comment va-t-on apporter la preuve que dans cette nouvelle représentation de la Relativité complexe, où l'espace de l'Imaginaire côtoie l'espace du Réel en chaque point, cet Imaginaire est porteur non seulement de la Mémoire de chaque objet de l'Univers, mais encore de sa Conscience? Autrement dit, comment va-t-on faire la preuve que la nouvelle théorie de la

Psychomatière décrit dans son Imaginaire tout ce qui concerne l'Esprit?

Commençons par la *Mémoire,* qui va de pair avec la Raison. Avoir de la mémoire, c'est être capable de reproduire dans son propre comportement une situation « passée ». Ou, mieux encore, c'est s'appuyer sur les faits de cette mémoire pour en déduire une probabilité d'un certain futur. C'est finalement savoir faire jouer sa *Raison,* pour communiquer avec l'Univers qui nous entoure. En tablant sur un passé mémorisé, qu'on admet comme vrai (ou faux), la Raison nous permet de « prédire » le futur, ou d'annoncer la probabilité de ce futur.

Ce travail de la Raison concerne « tous » les objets de l'Univers, inanimés ou non, morts ou vivants : pourquoi refuserions-nous la Raison à certains objets inertes, alors qu'ils sont doués de la propriété de manifester, et même de façon « répétitive », certains « comportements », comme ces comportements que, souvent, les humains ont transformés en « lois »? Savoir reconnaître notre Univers, c'est d'abord savoir discerner « l'universalité » de la mémoire. Mais, en utilisant la Raison pour représenter l'Univers, il faut savoir éviter l'énorme *erreur de croire un instant que cette représentation est un absolu.* Nous allons y revenir, et ceci va nous conduire graduellement à l'*Intuition.* Mais restons encore un instant sur la Mémoire et la Raison.

Nous distinguerons cependant deux sortes de Raison, que pour simplifier nous allons nommer Raison positive et Raison négative. La *Raison positive* est celle qui « sait » comment fonctionne cette Raison, et surtout qu'elle est toujours *relative.* Nul ne peut prétendre obtenir de la Raison une conclusion que nous pourrions qualifier d'« absolue », que le sujet raisonneur soit un être vivant ou un être inerte. Prendre pleine conscience de la relativité de la Raison, c'est savoir que cette Raison ne nous énonce JAMAIS un absolu, les conclusions reposent toujours sur certains « postulats », que l'on a commencé par accepter. Il n'y a pas d'exception à cette règle.

Et que nomme-t-on alors la *Raison négative?* C'est la Raison qui « ignore » ce fait important que la Raison est toujours relative. C'est la Raison qui s'appuie sur des « postulats » que l'on confond avec des absolus. C'est ainsi que, dès que nous acceptons le célèbre postulat d'Euclide, selon lequel d'un point extérieur à une droite on ne peut mener qu'une seule parallèle à cette droite, la Raison nous conduit à des résultats qui sont faux par rapport aux mathématiques modernes. C'est la Raison négative : qui non seulement est capable de conduire à de « faux » résultats, mais aussi à une grave *intolérance,* quand on croit « en toute bonne foi » que l'on a « raison » d'affirmer cette contre-vérité. Les êtres vivants, et notamment les hommes, se battent souvent pour ce type d'ignorance-là.

Mais il est temps maintenant de se préoccuper de l'autre forme de « communication » des objets de l'Univers, à savoir l'*Intuition*. Celle-ci voudrait, au moins au départ, éviter l'écueil qui vient frapper la Raison, cette Raison qui ne peut être que relative.

La première méthode est de remplacer les fameux « postulats » par le SILENCE, Silence intérieur et extérieur. Ainsi il ne devient plus possible de faire « jouer » la Raison, puisque nous avons insisté sur le fait que cette Raison était toujours « relative », et devait s'appuyer sur « autre chose », qu'on devait admettre sans « démonstration ».

Une forme « atténuée » de l'Intuition est de ne pas appuyer notre Intuition sur notre Mémoire, mais uniquement sur la « vraie » CRÉATION, c'est-à-dire une création qui s'appuie uniquement sur l'Imaginaire de l'instant... si cela est possible. Ce qui donne toute son importance à la création, c'est qu'elle est un Verbe « naissant », qui n'a rien à faire avec ce que la Mémoire, et donc aussi la Connaissance, a déjà réuni dans l'Univers extérieur ou intérieur. La véritable création est toujours « inconsciente », car c'est une conscience sans aucune mémoire, ou plus précisément qui ne fait pas usage du contenu « mémorisé ». Mais cette « création » est très rare et très difficile, et c'est en grande partie pour cela que l'Homme utilise de moins en moins l'Intuition, alors que c'est sans doute le *premier* moyen de communication entre les êtres de l'Univers.

Il nous reste, pour terminer, à revenir encore une fois à la Raison. Nous allons insister pour cela sur ce qui, je crois, est l'une des formes *les plus dangereuses* de la Raison. C'est la Raison qui voudrait pouvoir utiliser *les arguments de valeur*. On va ici prétendre que l'on peut juger de la *valeur* de certains arguments pour décider d'une question, certains arguments seraient « bons », alors que d'autres seraient au contraire « mauvais ». C'est, en fait, vouloir introduire dans la Raison, et de façon détournée, le grand problème du Bien et du Mal.

Par exemple, doit-on tolérer le voisin, ou bien tenter de l'éliminer? On trouve à ce voisin tous les défauts possibles : il a très mauvais caractère, il laisse ses animaux courir dans notre propre jardin, envahir ce jardin sans autorisation, salir partout, et en plus de cela il fait beaucoup de bruit. Et, soit dit en passant, si je devenais moi-même propriétaire de son terrain et de sa maison, j'agrandirais le bien que je possède, ce qui ne me déplairait pas. C'est donc décidé, je vais essayer d'« éliminer » ce voisin gênant. Ce que je dis n'est qu'une caricature, mais pour qui sait regarder les facteurs qui nous font agir, cette caricature est souvent plus voisine que l'on croit de la réalité, au moins si on tient compte des facteurs... inconscients.

Il ne suffit pas de croire savoir utiliser la Raison. Il ne suffit pas de savoir que cette Raison ne peut nous donner que des conclusions relatives, jamais des « absolus ». Il faut, par-dessus tout, se méfier des « arguments de valeur » qu'on se croirait parfois autorisé à faire entrer dans un « raisonnement ». Dans le doute, laissons agir notre Intuition, en toute liberté, elle sera certainement meilleure conseillère!

LA REPRÉSENTATION GRAPHIQUE DE LA PSYCHO-MATIÈRE

Je voudrais profiter de ce texte pour figurer, très schématiquement, et sur un graphique, comment l'Univers entier, qui comprend maintenant le Réel et l'Imaginaire, peut se représenter avec ces deux espaces qui se côtoient l'un l'autre. Et surtout comment se représente la Psychomatière.

On a représenté à la fois une particule non électriquement chargée (préon) et une particule chargée (éon). Dans le Réel la « trace » est dans

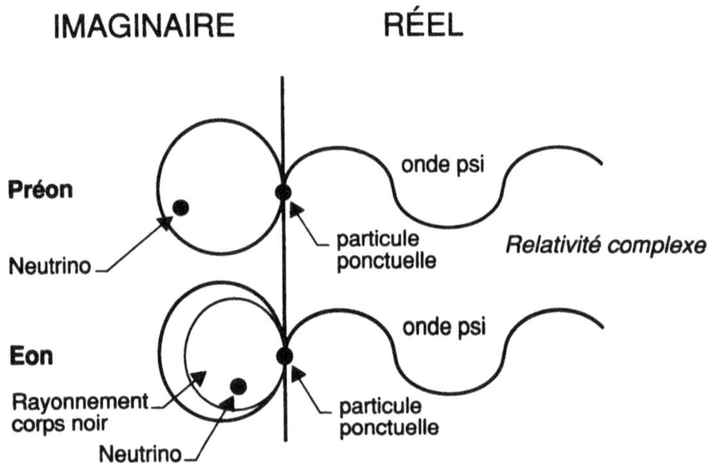

les deux cas une particule « ponctuelle », mais on se rappellera que cette particule ponctuelle est « observée » comme un volume « élémentaire » sphérique dont le rayon est la « plus petite » longueur observable *lo.*

Bien entendu, il faudra se familiariser avec cette nouvelle représentation de l'Univers, mais je suis persuadé que cela va en valoir la peine : après tout, n'est-ce pas l'Esprit qui vient de sauter, sans prévenir, à l'intérieur de notre Laboratoire?...

UN UNIVERS ÉQUIVALENT AU NÉANT

Mais examinons maintenant ce qui constitue sans doute, avec l'introduction directe de l'Esprit dans la Physique, le point le plus essentiel de la Relativité complexe. Notre Univers total, comprenant à la fois le Réel et l'Imaginaire, considéré comme l'énergie *totale* qu'il contient (positive, négative et nulle) est équivalent au NÉANT.

1) Ceci ne devrait qu'à moitié nous étonner : nous devons nous souvenir que la Relativité complexe, donc la théorie unifiée de la Psychomatière, a été construite sur une loi (un postulat) fondamentale, cette loi qui admet que l'énergie totale de l'Univers est identiquement nulle, c'est-à-dire nulle à chaque instant. Il est donc tout à fait naturel d'obtenir, quand on entre dans les calculs détaillés, que l'énergie totale qu'enferme cet Univers soit nulle.

Ce qu'il y a de très intéressant, c'est que ces calculs détaillés vérifient que l'Univers, même si on le considère seulement *localement,* est généralement d'énergie nulle. C'est ce fait qui nous a permis de *vérifier numériquement la théorie.* On sait très bien que l'on essaye d'évaluer le total d'une certaine forme d'énergie dans l'Univers, mais on sait également qu'on laisse ainsi « de côté » la plus grande partie de cette énergie : l'Univers est si grand que ce serait présomptueux de supposer le contraire. Mais, malgré tout, on arrive à une représentation de l'Univers qui correspond de façon satisfaisante avec l'« observable », un observable qui est cependant bien loin de tenir compte de « tout » l'Univers. Merci mon Dieu!

2) Mais il existe un argument qui me convainc que cela est pleinement justifié d'avoir tenté une théorie unitaire comme la Relativité complexe, en admettant un Univers qui soit, au total, identiquement nul.

Dieu est l'être qui a « créé » toute chose, par définition, il a créé le Ciel et la Terre, et toutes les planètes, enfin tout ce qui existe. Si créer veut dire quoi que ce soit, cela ne veut-il pas signifier que Dieu a *tout* créé *sans avoir besoin de quoi que ce soit,* par son simple Verbe, par l'Esprit en définitive? Alors, cela ne devient-il pas la « seule » solution de dire que l'Univers créé par Dieu ne contient aucune énergie, que cet Univers est Néant au point de vue de l'énergie totale, et ceci à chaque instant? Car, s'il n'en était pas ainsi, si Dieu s'était contenté de « transformer » les choses, et non de les « créer », qui aurait réussi à tirer l'Univers du Néant? L'Univers est donc équivalent au Néant... ou il n'est pas.

3) La seule « échappatoire » me semblerait être de dire que l'Univers est Verbe, l'Univers est Esprit. C'est d'ailleurs ce que nous disent la plupart des Écritures, y compris la Bible. On lit dans l'Évangile de saint Jean :

« Au commencement était le Verbe, le Verbe était auprès de Dieu, et le Verbe était Dieu... Toutes choses ont été faites par lui, et sans lui rien n'a été fait. Ce qui a été fait par lui était Vie... »

Le Verbe c'est l'Esprit. Le Verbe c'est la Vie. Et c'est sans doute pourquoi tout l'Univers est Vivant. Tout a été créé par l'Esprit.

Mais, comme nous l'avons remarqué déjà, l'Esprit n'a aucune évaluation possible en termes d'énergie, l'Esprit n'est pas de l'énergie, il est beaucoup plus que cela, mais aussi beaucoup moins que cela. Il n'est pas de même nature. Et je maintiens donc que si on essaye de mesurer notre Univers en termes d'énergie, on est inévitablement conduit à dire que notre Univers est équivalent au Néant. Ce qui, naturellement, ne signifie pas que notre Univers est équivalent à « rien », mais qu'il est essentiellement « Esprit », et nous ne savons pas encore évaluer les choses en termes d'Esprit. Cela viendra peut-être un jour, avec l'aide de Dieu...

CHAPITRE VII

La Raison et l'Intuition

« Pour les Anciens, il y avait deux modes de pensée : le mode de pensée appelé le raisonnement, qui allait des prémices aux conclusions, et ce processus se terminait par un acte de “ *nous* ”, c'est-à-dire un acte où on saisissait l'objet dans sa totalité. C'est l'état d'Intuition, qui est l'état le plus parfait de la pensée. »

Jerzy Wojciechowski

Chacun de nous possède une *double* approche de l'Univers (on dit parfois un « double regard »), caractérisée d'une part par la Raison et d'autre part par l'Intuition. Chaque « règne » du Vivant utilise ces deux regards de la Raison et de l'Intuition, quoique, comme on le sait, dans des proportions variables d'un règne vivant à l'autre.

Ces deux « regards » se traduisent cependant par des « mécanismes » très différents, que je voudrais examiner un instant.

L'Intuition est d'abord « Silence ». Cette Intuition résulte de notre « communion » avec le Tout, mais comme le Tout l'Intuition a un caractère « transcendant » : le Tout contient « tout l'Univers », c'est-à-dire simultanément « ce qui est » et tout le reste, c'est-à-dire notamment *son contraire*. C'est pourquoi le comportement lié à l'Intuition ne s'exprime bien par aucun « langage », cette Intuition ne se traduit *pas* par des symboles qui seraient centralisés par notre système nerveux (notre cerveau, chez l'Humain, par exemple). Cette Intuition est indépendante de notre Moi, elle n'est pas « pilotée » par notre Moi, elle traduit l'action de tout l'Univers sur ce Moi. En ce sens l'Intuition ne dépend pas directement de notre volonté, elle commande à notre « non-vouloir » (c'est-à-dire à ce qui n'est pas sous la dépendance de notre volonté). Mais cette Intuition, fruit du Tout, qui ne s'exprime bien que par le Silence, est cependant ce qui nous rend « conscient » d'exister, conscient de « vivre », conscient tout court : c'est ce qu'on nomme habituellement « la Conscience ». Le Vivant est avant tout une « Conscience ».

L'autre approche de l'Univers est celle de notre Raison, j'entends le mot « Raison » dans le sens large, c'est-à-dire tout langage qui enchaîne les symboles les uns aux autres pour aboutir finalement à une conclusion (cf. la définition de Wojciechowski, en exergue à ce chapitre). Peu importe que la logique utilisée soit une logique très « primaire », ou une logique formelle et élaborée, comme celle d'Aristote (le tiers exclu) : elle permet dans chaque cas de faire des « raisonnements ». Cette Raison se traduit finalement par la « Mémoire » propre à notre Moi, elle est capable d'emmagasiner les « Symboles », de leur donner une « signification », et finalement de les reproduire pour « communiquer » avec le *monde extérieur,* communiquer avec *les autres.* Cette Raison est la conséquence de notre « culture » (ce qu'on a acquis).

Une caractéristique de la Raison, d'ailleurs sa caractéristique principale, est que, contrairement à l'Intuition, cette Raison n'est JAMAIS « absolue », mais toujours *relative,* et relative à certains « postulats » de base qu'on a acceptés (on y a été obligés, il ne peut y avoir de Raison sans que celle-ci s'appuie sur « quelque chose »). Il a bien fallu qu'on admette au départ certains « postulats », qu'on a considérés comme définissant le « vrai » ou le « faux ». Ces postulats sont « personnels » à chacun de nous, en fait ce sont eux qui caractérisent notre « personne ». Changer ces postulats c'est changer notre « langage » de communication, ce que la Raison fait continuellement avec comme objectif d'obtenir une « représentation » de l'Univers de plus en plus complète, et de moins en moins incohérente. C'est essentiellement cela « unifier » la représentation de l'Univers. L'effet indirect, comme nous allons le voir, est d'élever toujours plus notre niveau de conscience. Je dirai tout à l'heure ce que j'entends exactement par cette expression importante : élever notre niveau de conscience. Mais cette représentation nouvelle, une fois encore, n'est cependant *jamais* « absolue », elle repose toujours sur ce que notre Mémoire a admis, c'est pourquoi cette Mémoire est en évolution perpétuelle. Même une pensée comme 2 + 2 = 4 n'est pas un « absolu », elle repose sur les conventions de l'arithmétique simple, si on change ces conventions cette relation pourra ne plus être vérifiée. Il est vrai que, par erreur, beaucoup de gens sont prêts à affirmer que des relations aussi simples que 2 + 2 = 4 sont des absolus, alors qu'il n'en est rien : cette relation doit, comme les autres, être soutenue par un symbolisme (ici mathématique), mettant en œuvre la Raison.

Je ne veux pas ici trop insister (cela nous entraînerait sans doute trop loin) sur cette caractéristique importante qui concerne la Raison, à savoir que la Raison est toujours relative, jamais absolue. On peut certes « ranger » nos postulats en précisant ce qu'on considère comme « vrai » ou « faux », et s'aider de ces conclusions pour aller un peu plus loin dans nos « raisonnements » (comme on le fait d'ailleurs en Science) : mais ces postulats de base de la Raison ne sont néanmoins toujours que des « croyances », ils sont par nature « indémontrables », parce que précisément ce sont des « postulats ». Mais cependant, parce qu'on les a choisis, et qu'ils nous conviennent donc personnellement bien (consciemment ou inconsciemment), chacun de nous a une très fâcheuse tendance à considérer ces postulats (au moins certains d'entre eux) comme des « absolus ».

Cela n'a guère d'importance lorsqu'il s'agit simplement de Science, par exemple quand le formalisme qui accompagne ces postulats nous dit qu'une relation est vraie si elle est vérifiée, et fausse dans le cas contraire. C'est même généralement ainsi que la Raison écrit toute la Science. Je disais que cela n'a guère d'importance, car les postulats sur lesquels s'appuie la Science ne varient que très lentement, au moins généralement.

Il n'en est pas de même quand on répond à l'alternative (vrai ou faux) à laquelle donne naissance la Raison non seulement en termes de « vrai » ou « faux », mais par un « jugement de valeur » à consonance plus ou moins « morale », ou éthique, comme une évaluation en termes de Bien ou Mal : car chacun sait que ces jugements de valeur ne font pas l'unanimité entre les Hommes, ni à un moment donné ni en un lieu donné. Les « opinions » varient habituellement *très vite,* dans l'espace comme dans le temps : dans un cas l'opinion que suggère la Raison va être que « c'est Bien », dans l'autre cas cette opinion conduit à dire que « c'est Mal ». Les Humains ne sont souvent pas d'accord sur la réponse la plus appropriée, l'un pense que c'est « Bien », l'autre que c'est « Mal »... et nous voilà prêts alors à nous servir de la Raison pour exhiber notre *intolérance,* voire notre *violence.* Cela se produit notamment, comme je crois l'avoir déjà fait remarquer, quand les postulats sur lesquels s'appuie la Raison sont ce qu'on nomme des « jugements de valeur », c'est-à-dire si la Raison prétend être capable, compte tenu de ses propres « raisonnements », de nous « affirmer » que telle pensée (ou tel acte) est « Bien » ou « Mal », et cela *de manière absolue.*

Bien sûr, je suis prêt comme tout le monde à déplorer que l'« absolu » ne soit pas à portée de la Raison, je voudrais bien parfois ne prononcer que des « vérités » : mais je veux souligner une fois encore ici que rien ne peut faire que la Raison ne conclue qu'à des « absolus », tout le passé de l'évolution montre le contraire, et montre d'ailleurs aussi que ce type d'intolérance « raisonnée » est la principale source de graves conflits qui surviennent parfois entre les Hommes, chacun d'entre nous ne le sait malheureusement que trop.

Les plus grands mathématiciens (Hilbert et le « groupe de Princeton », au début de ce siècle) se sont attaqués à cet énorme problème, Hilbert notamment était persuadé que l'on pouvait s'arranger pour que « la Raison ait toujours raison » et que cela pouvait « se démontrer », bref que la Raison pouvait devenir « absolue ». Mais, finalement, Hilbert, Türing et les autres durent renoncer et arriver à la conclusion que la Raison ne pouvait être que « relative », jamais « absolue » *.

* Andrew Hodges, *Alan Türing, ou l'énigme de l'intelligence,* Payot, Paris, 1988.

ÉLEVER NOTRE NIVEAU DE CONSCIENCE

Un examen minutieux de cette grave question nous montre que notre seul « espoir » d'aller plus loin, ou « plus haut », est d'élever notre *niveau de conscience.* Je voudrais en dire ici quelques mots.

Comment peut-on tenter d'élever notre niveau de conscience?

Paradoxalement, quand des jugements de valeur sont en jeu, on élève son niveau de conscience en interprétant le Bien comme traduisant l'approche du Mal. Dès que le Bien est là, son contraire « le Mal » n'est pas loin, car l'Univers entier ne peut pas refuser l'existence des contraires. Dieu a créé l'Univers assez « vaste » pour « loger » à la fois une chose et son contraire, le « Verbe » est ainsi fait. Je ne prétends pas que, « matériellement » parlant, la « chose » contraire puisse venir facilement, et dans tous les cas, prendre place dans l'Univers : mais souvenons-nous de l'opinion du philosophe-abbé Berkeley, qui a tant fait réfléchir le XVIIIe siècle : « Les choses ne " sont " pas, elles sont ce qu'on pense d'elles ici et maintenant. » Les choses ne sont en effet finalement que les symboles qui servent à les désigner... et les symboles exprimant « le contraire » sont à tout instant « disponibles » dans l'Univers. Il suffit d'appliquer la négation.

« Élever son niveau de conscience », c'est trouver le chemin de Dieu *en sachant concilier les contraires.* C'est sans doute là l'origine des *koans* chinois et de ce qu'on nomme la « pensée paradoxale ». Mais cette « création » d'un nouveau langage n'est jamais facile et c'est pourquoi cela n'a rien « d'automatique » de savoir élever son niveau de conscience.

Une étude un peu plus approfondie montre que, très souvent, la « mise au monde » d'un « contraire » conciliable avec l'existant correspond à une « création ». La « création » vole toujours au-dessus de la Raison. Il y faut cependant souvent une très difficile « méditation ».

L'Intuition est le fruit de notre « fusion » avec le Tout, mais le résultat est si vaste qu'il ne peut se traduire que par le Silence – ou par un Verbe nouveau, par une véritable « création », et donc finalement par une élévation du niveau de conscience, comme nous venons d'en parler à l'instant. Cette élévation de conscience est souvent le fruit de ce qu'on nomme généralement la *pensée paradoxale,* qui, en fait, fait appel à la fois à l'Intuition et à la Raison.

Le regard de la Raison nous donne l'illusion de « connaître » le monde extérieur, et notamment « les autres », en nous permettant d'établir une représentation de ce monde extérieur, de « communiquer » avec lui; mais cette représentation est toujours « relative » à ce qu'accepte au départ comme « vrai » (ou faux) notre mémoire – donc cette représentation de l'Univers est toujours imparfaite, toujours à perfectionner. Ce qui entraîne que l'évolution « progresse » sans cesse.

C'est aussi cela l'évolution : l'élévation continuelle du niveau de conscience.

LES SEUILS DE LA MÉMOIRE

La Relativité complexe montre, comme je crois l'avoir déjà dit, et comme nous l'a précisé depuis longtemps Pierre Teilhard de Chardin, que la Mémoire de la Psychomatière franchit différents « seuils » au cours de l'évolution, seuils qui peuvent être caractérisés par le nombre croissant de symboles que cette mémoire peut accepter et mémoriser.

Ces seuils sont en fait les « conditions initiales » de notre Mémoire – cette expression, « conditions initiales », devant être entendue ici dans son sens mathématique.

Ce nombre de « conditions initiales » représente donc le nombre de symboles disponibles dans notre mémoire et se calcule, comme l'a démontré la Relativité complexe, comme 16 puissance *n*, avec *n* croissant comme 2, 4, 8... en même temps que les différents règnes du Vivant, « affichés » ici chacun de cette puissance *n*.

C'est ainsi que la mémoire du minéral peut emmagasiner au maximum 256 symboles, c'est-à-dire 16 au carré symboles; le végétal plus de 65 000 symboles (16 puissance 4 symboles); l'animal plus de 4 milliards de symboles (16 puissance 8 symboles); l'Humain plus de 18 milliards de milliards de symboles (16 puissance 16 symboles), et ainsi de suite, l'ultra-humain (s'il existe déjà sur d'autres planètes que notre Terre) ayant une mémoire capable d'emmagasiner des milliards de milliards de milliards de symboles.

LE VOULOIR ET LE NON-VOULOIR

Le comportement de l'Organisme vivant dépend en premier lieu de cette Mémoire dont nous venons de parler. Cette Mémoire est d'abord la Mémoire du Moi, tributaire de la Raison, c'est-à-dire de ce que la mémoire du Vivant a acquis, ce qui constitue chez l'Humain sa « culture ». Mais l'Organisme vivant est aussi le Tout, c'est-à-dire est capable de « fusionner » avec l'Univers entier, et possède alors un comportement qui dépend aussi de l'Univers entier, et non de son « Moi » seulement. Le fait que nous soyons à la fois le Un et le Tout signifie donc que notre comportement est à la fois « piloté » par notre Moi et par le Tout, ou encore que nous avons à la fois un « vouloir » (provenant du Moi) et un « non-vouloir » (provenant du Tout). Exprimé d'une autre façon, à la fois l'Univers entier (Dieu, le Tout) et nous-mêmes (notre personne, le Un, notre Moi) participons à notre comportement global.

Mais il semble que, au moins chez l'Homme, il faille « mettre en veilleuse » notre vouloir si nous désirons donner dans notre comportement une part suffisante à notre non-vouloir : en d'autres mots, nous devons « faire taire » notre Raison si nous désirons laisser agir pleinement notre Intuition. Ce fonctionnement Raison-Intuition a été très bien étudié par un écrivain de mes amis, Jean Lerède, de Montréal (malheureusement mort récemment), dont nous livrons la lumineuse réflexion en postface.

Cela nous invite à méditer sur le monde comme on le ferait d'un *koan*. On devrait toujours partir d'*une pensée paradoxale,* qui nous présente l'Univers comme à la fois ceci et son contraire. On dit parfois simplement que le « Bien » ne peut être séparé du « Mal », ou plutôt qu'on ne saurait dans l'Univers distinguer de manière « absolue » le Bien et le Mal. Le contraire est une part du Tout, donc est aussi une part de l'Univers. Les Orientaux nous disent très justement que le Bien et le Mal sont deux fils (« blanc » et « noir ») qui sont inséparables l'un de l'autre et « tressent » ensemble le monde.

Élever son niveau de conscience c'est savoir « harmoniser » les contraires.

Nous préférons le mot « harmoniser » à celui de « concilier » : harmoniser le Bien et le Mal n'est pas conserver le Mal mais le rendre compatible avec le nouveau Bien; ce n'est pas non plus restituer le Bien tel qu'il était auparavant. C'est modifier *entièrement* la face de l'Univers, un Univers où les anciens Bien et Mal ont entièrement disparu. Ce n'est certainement pas offrir un Univers construit à la fois sur les anciens « Bien et Mal ».

Malheureusement, tant d'Hommes croient faussement que l'amélioration de notre destin consiste à « opposer » les contraires et à faire « triompher » le plus fort!... alors que tel est précisément le chemin de la violence et de l'intolérance. Élever son niveau de conscience c'est, au contraire, retrouver le chemin de l'Amour comme nous l'ont toujours suggéré les *vrais* prophètes.

POSTFACE

« L'Homme du double plan »

> « À ce type d'Homme, dont Pavlov appelait de ses vœux l'avènement évolutif dans le fonctionnement psychique de l'humain de demain, j'ai proposé de donner le nom d'Homme du double plan. »
>
> Jean Lerède

J'ai connu, il y a cinq ou six ans, un ami français, vivant depuis plusieurs années à Montréal au Canada, que j'appréciais beaucoup. Il vient de mourir récemment, d'une crise cardiaque. Jean s'est toute sa vie intéressé à nos moyens de communication les uns avec les autres, et notamment la communication psychique entre êtres humains. Il avançait que ces moyens étaient essentiellement constitués de la Raison et de l'Intuition, comme je le faisais moi-même. Dans un très beau livre, *Les Troupeaux de l'Aurore,* il défend le point de vue que notre communication au moyen de l'Intuition est devenue très pauvre en cette fin de XXe siècle; les Hommes d'il y a quelques dizaines de milliers d'années savaient beaucoup mieux utiliser leurs facultés intuitives, n'hésitant pas à recourir aux pratiques initiatiques.

Il montre à quel point cette lacune dans nos moyens de pensée est regrettable car, à son avis, cette communication entre les êtres au moyen de l'Intuition est en train de se perdre de plus en plus, au profit de l'utilisation exagérée de la Raison. Si la Raison est bien sûr fondamentale, l'Homme d'aujourd'hui s'est amputé d'un véritable sens pour connaître son Univers quand il a cessé de faire usage de l'Intuition.

Jean Lerède s'est efforcé de montrer qu'il fallait essayer de retrouver celui que nous étions jadis, qu'il appelle « l'Homme du double plan », un Homme sachant utiliser à la fois la Raison et l'Intuition, passant aisément d'un plan à l'autre, ce qui est d'autant plus indispensable que pour bien utiliser l'Intuition il faut « faire taire » la Raison, et vice versa.

Au colloque que j'avais organisé au Maroc, à Fès, sur le thème général de « L'Esprit et la Science », Jean Lerède avait fait une très belle conférence qui portait d'ailleurs le titre de « L'Homme du double plan ». Il y avait une audience internationale, qui apprécia à sa juste valeur la conférence dont je donne ci-dessous le début *.

« Dans un écrit datant de 1933 (trois ans avant sa mort), et relativement peu connu parce que censuré par le pouvoir stalinien, Pavlov

* On peut en lire la totalité dans *L'Esprit et la Science*, Albin Michel.

distinguait deux types fondamentaux d'êtres humains : ceux qu'il appelait les *intellectuels* ou " penseurs ", chez qui prédomine ce que Pavlov appelait " le deuxième système de signalisation ", système lié à la " parole " et à la pensée abstraite; et ceux que l'illustre psychologiste russe appelait les *artistes,* chez qui prévaut au contraire le " premier système de signalisation ", lié à " l'impression directe " et non intellectualisée, non verbale. La " déconnexion " favorable à cette dernière s'opère plus aisément chez les *artistes* que chez les *intellectuels,* mieux protégés peut-être par leurs structures mentales rationnelles, mais plus rigides aussi, moins aptes à accueillir l'infinie richesse des messages qui ne cessent de parvenir aux récepteurs nerveux de l'être humain.

Voilà ce qu'écrivait Pavlov à ce sujet : " Les artistes... embrassent la réalité intégrale, telle quelle, en bloc, la réalité vivante, sans fractionnement et sans dissociation. Les autres, les méditateurs, la dissèquent et la tuent, pour ainsi dire, en font provisoirement un squelette et la rassemblent à nouveau, s'efforçant de la ranimer, ce qui ne leur réussit jamais entièrement... Une... reproduction intégrale de la réalité est inaccessible au penseur [1]. "

Cette distinction pavlovienne entre *intellectuels* et *artistes* [2] a été confirmée par de très nombreuses observations dues à un disciple de Pavlov, le Soviétique I. Volpert, qui a démontré, statistiques à l'appui, que les *artistes* inhibent en effet beaucoup plus facilement et beaucoup plus vite leur deuxième système de signalisation. Il conviendrait idéalement, avait déjà soutenu Pavlov, d'encourager le développement d'un « type mixte », capable de passer aisément et très vite du premier système au second, de « glisser » de l'un à l'autre, par voie d'inhibition rapide.

À ce type mixte, dont Pavlov appelait de ses vœux l'avènement évolutif dans le fonctionnement psychique de l'Homme de demain, j'ai proposé dans un ouvrage récent [3], dont certains développements s'attachent à approfondir le contenu du concept pavlovien, de donner le nom d'*Homme du double plan,* par référence aux catégories classiques de l'anthropologie : l'Homme de Néandertal, l'Homo sapiens, etc.

Les travaux de C. Lévi-Strauss ont établi qu'il existe chez les peuples archaïques deux modes différents de pensée : la pensée mythique ou symbolique et la pensée rationnelle. Ces deux formes de pensée coexistent, affirme Lévi-Strauss, sans que l'une apparaisse comme précédant l'autre et comme située à un stade moins avancé de développement. L'une serait « très proche de l'Intuition sensible, l'autre plus éloignée [4] ». Une pensée, en définitive, « simultanément analytique et synthétique [5] ».

« Intuition et Raison sont deux modes complémentaires de connaissance », affirmait de son côté en 1947 l'ethnologue français M. Leenhardt [6], qui attirait l'attention sur le danger pour l'être humain d'une prédominance soit d'une pensée exclusivement mythique, soit d'une pensée exclusivement rationnelle, car l'une et l'autre mènent à des systèmes déséquilibrés et aberrants. Et, pour Leenhardt, il ne faisait aucun doute que la pensée symbolique et mythique n'était aucunement l'apanage de l'Homme des sociétés archaïques, mais que c'était là une fonction fondamentale de l'être humain de tous les temps. Pensée symbolique et mythique : un autre nom, selon Leenhardt, pour la pensée intuitive.

Dans cette perspective, l'*Homme du double plan* n'est pas seulement ce " type mixte ", à la fois intellectuel et artiste, que Pavlov souhaitait voir apparaître dans la race humaine, c'est plus largement et plus profondément aussi un être capable de fonctionner simultanément sur deux plans : le plan rationnel, le *premier plan,* celui du monde extérieur; et le plan intuitif ou *second plan,* celui du monde intérieur.

Que faut-il entendre ici par " monde intérieur ", et par second plan ou plan intuitif? Ne nous attendons pas à des " définitions ", ni à des analyses de type intellectuel. Tout au plus pouvons-nous, en nous inspirant de données établies par l'ethnologie, mais aussi et surtout par le témoignage vécu, ancien ou actuel, d'individus – très souvent marginaux – appartenant aux traditions religieuses les plus diverses, et entre autres orientales ou extrême-orientales, évoquer quelques-uns des traits qui caractérisent, liés au " monde intérieur ", la pensée intuitive : directe, rapide, précise, elle évite les cheminements longs et laborieux de la Raison discursive et de la mémoire. L'objet n'est plus connu par les associations, mais directement. Apte à saisir le rapport immédiat des choses, sans effort apparent, la pensée intuitive, pensée analogique, volontiers paradoxale et ambivalente, excelle à unir les contraires, à opérer à la fois analyse et synthèse, à travailler simultanément sur les deux registres du conscient et de l'inconscient, à recueillir l'information, à la stocker et à la traiter, sans qu'intervienne même la conscience d'un processus à l'œuvre. Pensée calme, détendue, spontanée, très largement non verbale, pensée silencieuse; elle use du langage, elle en connaît les ressources, mais aussi les limites et les dangers. Elle ne se laisse pas prendre aux pièges des mots et des concepts, ni emmurer dans leurs prisons. Pensée économique, qui laisse l'être disponible, le rend présent aux choses et aux êtres, lui restitue l'objectivité du monde dans la fraîcheur de la sensation immédiate. Pensée créatrice aussi, génératrice d'intuitions neuves et d'éveils paranormaux, parce qu'elle plonge ses racines dans les profondeurs de l'être et se meut, parfaitement à l'aise, dans le monde des symboles et des mythes créateurs, dont elle est issue et dont elle ne cesse d'éprouver et de goûter la légèreté évanescente et l'infinie liberté. »

Jean LERÈDE

1. Pavlov, I., *La Psychologie et la Psychiatrie,* traduit du russe, Éditions en langues étrangères, Moscou, 1961, p. 284.

2. Les *artistes* auxquels Pavlov fait ici allusion désignent, est-il besoin de le souligner, un type fondamental d'être humain, et non les seuls créateurs d'œuvres d'art au sens spécifique du mot.

3. Lerède, J., *Les Troupeaux de l'Aurore. Mythes, suggestion créatrice et éveil surconscient,* les Éditions de Mortagne, Boucherville-Montréal, 2e édition, 1983. Distribution en Europe : Delachaux et Niestlé, Lausanne, Paris.

4. Lévi-Strauss, C., *La Pensée sauvage,* Paris, Plon, 1974, p. 24.

5. *Ibid.,* p. 290.

6. Leenhardt, M., *Do Kamo,* Paris, Gallimard, 1947, p. 252.

TABLE

DU MÊME AUTEUR

OUVRAGES DE PHYSIQUE

1. *Éléments d'une théorie unitaire d'Univers,* Paris, Éditions La Grange-Batelière, et Genève, Kister, 1962.
2. *Quinze Leçons sur la Relativité générale,* Paris, Éditions La Grange-Batelière, et Genève, Kister, 1963.
3. *La Crise actuelle de la physique,* Paris, Éditions La Grange-Batelière, et Genève, Kister, 1966.
4. *Cours de théorie relativiste unitaire,* Paris, Albin Michel, 1969.
5. *Théorie unitaire : analyse numérique des équations,* Paris, Albin Michel, 1974.
6. *Théorie de la Relativité complexe,* Paris, Albin Michel, 1974.
7. *L'Esprit et la Relativité complexe,* Paris, Albin Michel, 1983.
8. *Complex Relativity and the unification of all four physical interactions,* New York, Paragon House Edition, 1987, en anglais.

8a. *La Relativité complexe et l'unification de l'ensemble des quatre interactions physiques,* Paris, Albin Michel, 1987 (texte légèrement différent du texte anglais de l'ouvrage précédent).

OUVRAGES DE PHILOSOPHIE SCIENTIFIQUE

9. *La Connaissance de l'Univers,* Paris, Le Seuil, 1961, prix Nautilus 1962, traduit en espagnol.
10. *Du temps, de l'espace et des hommes,* Paris, Le Seuil, 1962, traduit en espagnol.
11. *L'Homme à sa découverte,* Paris, Le Seuil, 1963, traduit en anglais et en américain.
12. *De la physique à l'Homme,* Paris, Gonthier, 1965, traduit en espagnol.
13. *La Matière et la Vie,* Paris, Plon, 1966, traduit en espagnol.
14. *L'Être et le Verbe,* Paris, Planète, 1965, réédité aux Éditions du Rocher, 1983.
15. *Pourquoi la Lune?,* Paris, Éditions Planète-Denoël, 1968, traduit en espagnol.
16. *Les Grandes Énigmes de l'astronomie,* Paris, Éditions Planète-Denoël, 1967, traduit en espagnol.
17. *La Conception de l'Univers depuis vingt-cinq siècles,* Paris, Hachette, 1970, réédité aux Éditions Stock, Paris, 1981, sous

le titre *25 siècles de cosmologie*, traduit en anglais, allemand, italien, hollandais, espagnol, suédois et japonais.

18. *L'Âge de l'ordinateur,* Paris, Hachette, 1971, traduit en espagnol.
19. *Treize questions pour l'Homme moderne,* Paris, Albin Michel, 1972, traduit en portugais.
20. *L'Homme et l'Univers,* Paris, Albin Michel, 1974.
21. *L'Esprit, cet inconnu,* Paris, Albin Michel, 1977, traduit en anglais, allemand, italien, grec, portugais.
22. *Mort, voici ta défaite,* Paris, Albin Michel, 1979, traduit en allemand.
23. *Le Monde éternel des Éons* (en collaboration avec Christian de Bartillat), Paris, Stock, 1980, réédité aux Éditions du Rocher, Paris, 1987.
24. *J'ai vécu quinze milliards d'années,* Paris, Albin Michel, 1983, traduit en italien, hollandais.
25. *L'Esprit et la Science*, Paris, Albin Michel, 1984 (ouvrage collectif, symposium de Fès, Maroc), traduit en anglais.
26. *Imaginaire et Réalité,* Paris, Albin Michel, 1985 ouvrage collectif (International Committee à Washington D.C., USA).

26a. *Imaginary and Reality* (Imaginaire et Réalité), New York, Paragon House, 1987, collective work (International Committee in Washington D.C., USA), en anglais.

27. *Les Lumières de l'Invisible,* Paris, Albin Michel, 1985, traduit en polonais, allemand.
28. *Le Tout, l'Esprit et la Matière,* Paris, Albin Michel, 1987.
29. *Sur la barque du temps,* Paris, Albin Michel, 1989.

OUVRAGES D'ENSEIGNEMENT SUR L'INFORMATIQUE

30. *Cours d'initiation à l'ordinateur et à la programmation,* tomes 1 et 2, édité par Cercle, boîte postale 010, 91400 Villebon-sur-Yvette, France.
31. *Cours de Cobol,* tomes 1, 2 et 3, édité par Cercle, boîte postale 010, 91400 Villebon-sur-Yvette, France.

ROMAN (SCIENCE ET FICTION)

32. *La Femme de la Genèse,* Paris, Éditions du Rocher, 1983.

Imprimé par Lightning Source France
1 avenue Gutenberg
78310 Maurepas

www.ingramcontent.com/pod-product-compliance
Lightning Source LLC
Chambersburg PA
CBHW071342230926
51846CB00002B/426
9782226395191